ESERCIZI DI MATEMATICA GENERALE

Calcolo integrale

FRANCESCO BREGA - GRAZIA MESSINEO

ESERCIZI DI MATEMATICA GENERALE

Calcolo integrale

G. GIAPPICHELLI EDITORE – TORINO

VIA PO, 21 - TEL. 011-81.53.111 - FAX 011-81.25.100
http://www.giappichelli.it

ISBN/EAN 978-88-348-8958-9

Stampa (D): L.E.G.O. S.p.A. - Lavis (TN)

Indice

Prefazione

Questo eserciziario, da utilizzarsi da parte dello studente come compendio al testo di teoria, è uno dei cinque volumi strutturati in modo da coprire il programma d'esame del corso di Matematica Generale del corso di Laurea in Economia dell'Università Cattolica del Sacro Cuore di Milano.
Il testo è composto da capitoli (associati agli argomenti principali trattati nei corsi) suddivisi in 3 sezioni: la prima, di esercizi svolti, dove viene fornita allo studente una panoramica delle tipologie di esercizi e di tecniche risolutive; la seconda, dove vengono proposti esercizi da risolvere (con soluzioni) così che lo studente possa esercitarsi attivamente ed autonomamente sull'argomento; la terza, dove vengono proposti esercizi completamente svolti tratti da temi d'esame dei corsi di Matematica Generale II dell'Università Bicocca e di Matematica Generale dell'Università Cattolica, dall'A.A. 2002/03 ad oggi.
Insieme al testo viene inoltre fornita una password per accedere alla piattaforma On-line, dove sono presenti degli esercizi interattivi autocorrettivi e con soluzioni, che lo studente può utilizzare a completamento della propria preparazione.

Gli Autori

Ringraziamenti

Vorrei ringraziare tutti coloro che, a diverso titolo, sono stati coinvolti nella stesura di questo volume.
Ringrazio le professoresse Monica Bianchi e Rita Pini, che mi hanno fortemente incoraggiata a scrivere questo eserciziario.
Ringrazio la professoressa Maddalena Plazzi e il Professor Alvise Merini, per avermi trasmesso, durante gli anni del Liceo, l'amore e la passione per la matematica.
Ringrazio inoltre la professoressa Carla Peri, per avermi sostenuta sempre nei mesi in cui ho scritto il volume e per averlo pazientemente rivisto e corretto.
Un ringraziamento speciale al professor Salvatore Vassallo, per gli spunti creativi che mi ha dato, per la paziente disponibilità e per avermi insegnato ad utilizzare LaTeX.
Il ringraziamento più grande va alla mia famiglia e soprattutto a mio marito Alceo, per la pazienza e per il sostegno che mi hanno dimostrato in questi mesi.

G. M.

Ringrazio la professoressa Monica Bianchi e la professoressa Rita Pini, che hanno voluto che scrivessi questo eserciziario.
Un grazie di cuore ai due colleghi (ma soprattutto amici) Carla e Flavio per il loro contributo e per la loro pazienza.
Un grazie ed un bacio, infine, a Jo, per avermi sopportato non solo durante la stesura di questo testo ...

F. B.

CAPITOLO 1

Integrali indefiniti

1.1 Esercizi svolti

1 Calcolare:

$$\int \left(3x^3 + 5\sqrt{x} - \frac{2}{x} - \frac{3}{\sqrt[3]{x^2}} + \frac{4}{x^4}\right) \mathrm{d}x$$

Soluzione

Occorre calcolare l'integrale della somma di più funzioni.

Applichiamo il *teorema di linearità*, in base al quale si ha:

$$\int [\alpha f(x) + \beta g(x)]\, \mathrm{d}x = \alpha \int f(x)\, \mathrm{d}x + \beta \int g(x)\, \mathrm{d}x$$

Possiamo quindi scrivere

$$\begin{aligned}
&\int \left(3x^3 + 5\sqrt{x} - \frac{2}{x} - \frac{3}{\sqrt[3]{x^2}} + \frac{4}{x^4}\right) \mathrm{d}x = \\
&= \int 3x^3\, \mathrm{d}x + \int 5\sqrt{x}\, \mathrm{d}x - \int \frac{2}{x}\, \mathrm{d}x - \int \frac{3}{\sqrt[3]{x^2}}\, \mathrm{d}x + \int \frac{4}{x^4}\, \mathrm{d}x = \\
&= 3\int x^3\, \mathrm{d}x + 5\int x^{\frac{1}{2}}\, \mathrm{d}x - 2\int \frac{1}{x}\, \mathrm{d}x - 3\int x^{-\frac{2}{3}}\, \mathrm{d}x + 4\int x^{-4}\, \mathrm{d}x^{(1)}
\end{aligned}$$

(1) Si ricordi che $\sqrt[n]{x^m} = x^{\frac{m}{n}}$, $\frac{1}{x^n} = x^{-n}$ e $\frac{1}{\sqrt[n]{x^m}} = x^{-\frac{m}{n}}$.

Ora possiamo calcolare la primitiva di ciascuna delle funzioni assegnate, applicando la regola di integrazione delle funzioni potenza[(2)]:

$$\int x^n \, dx = \frac{x^{n+1}}{n+1} + c \text{ per } n \neq -1$$

$$\int \frac{1}{x} \, dx = \ln|x| + c$$

Quindi:

$$\int \left(3x^3 + 5\sqrt{x} - \frac{2}{x} - \frac{3}{\sqrt[3]{x^2}} + \frac{4}{x^4}\right) dx = \frac{3}{4}x^4 + \frac{10}{3}\sqrt{x^3} - 2\ln|x| - 9\sqrt[3]{x} - \frac{4}{3x^3} + c$$

❷ Calcolare il seguente integrale indefinito:

$$\int \operatorname{sen}^3 x \cos x \, dx$$

Soluzione

L'integrale è riconducibile alla tipologia[(3)]:

$$\int f'(x) \cdot f^n(x) \, dx = \frac{1}{n+1} [f(x)]^{n+1} + c$$

Quindi:

$$\int \underbrace{\operatorname{sen}^3 x}_{f^n(x)} \underbrace{\cos x}_{f'(x)} \, dx = \frac{1}{4} \operatorname{sen}^4 x + c$$

❸ Calcolare il seguente integrale indefinito:

$$\int \frac{e^{2x}}{e^{2x} + 1} \, dx$$

(2) La tabella delle primitive di alcune funzioni elementari è contenuta nella tabella 1 dell'appendice A.

(3) Nella tabella 2 sono contenute alcune formule di sostituzione immediata (casi più frequenti).

Soluzione

L'integrale è riconducibile alla tipologia:

$$\int \frac{f'(x)}{f(x)}\,\mathrm{d}x = \ln|f(x)| + c$$

Se calcoliamo però la derivata del denominatore, abbiamo:

$$f'(x) = 2\mathrm{e}^{2x}$$

Occorre quindi moltiplicare e dividere per 2 l'integrale:

$$\frac{1}{2}\int \frac{2\mathrm{e}^{2x}}{\mathrm{e}^{2x}+1}\,\mathrm{d}x = \frac{1}{2}\ln(\mathrm{e}^{2x}+1) + c$$

4 Calcolare il seguente integrale indefinito:

$$\int x^3\mathrm{e}^{x^4}\,\mathrm{d}x$$

Soluzione

L'integrale è riconducibile alla tipologia:

$$\int f'(x)\mathrm{e}^{f(x)}\,\mathrm{d}x = \mathrm{e}^{f(x)} + c$$

Come nel caso precedente, se calcoliamo la derivata dell'esponente otteniamo:

$$f'(x) = 4x^3$$

Occorre quindi moltiplicare e dividere per 4 l'integrale, ottenendo:

$$\frac{1}{4}\int 4x^3\mathrm{e}^{x^4}\,\mathrm{d}x = \frac{1}{4}\mathrm{e}^{x^4} + c$$

5 Calcolare il seguente integrale indefinito:

$$\int \frac{x}{\sqrt{x+2}}\,\mathrm{d}x$$

Soluzione

Questo integrale risulta "complicato" dalla presenza di $\sqrt{x+2}$ al denominatore della funzione integranda.

Possiamo utilizzare il metodo d'integrazione per sostituzione per semplificare tale funzione. Poniamo quindi:

$$\sqrt{x+2} = t$$

Ricaviamo:

$$x = t^2 - 2$$

Ricordiamo inoltre che, se abbiamo

$$x = g(t)$$

allora

$$\mathrm{d}x = g'(t)\,\mathrm{d}t$$

che nel nostro caso equivale a:

$$\mathrm{d}x = 2t\,\mathrm{d}t$$

Pertanto:

$$\begin{aligned}\int \frac{x}{\sqrt{x+2}}\,\mathrm{d}x &= \int \frac{t^2-2}{t} 2t\,\mathrm{d}t \\ &= 2\int t^2 - 2\,\mathrm{d}t \\ &= 2\left(\int t^2\,\mathrm{d}t - 2\int \mathrm{d}t\right) \\ &= 2\left(\frac{t^3}{3} - 2t\right) + c\end{aligned}$$

Torniamo ora alla variabile x:

$$\int \frac{x}{\sqrt{x+2}}\,\mathrm{d}x = \frac{2}{3}\sqrt{(x+2)^3} - 4\sqrt{x+2} + c = \frac{2}{3}(x+2)\sqrt{x+2} - 4\sqrt{x+2} + c$$

6 Calcolare:

$$\int \frac{x^4 - 2x^3 + 3x^2 - x - 2}{x^2 - 4x + 3}\,\mathrm{d}x$$

Soluzione

La funzione integranda è razionale fratta. Inoltre, il polinomio al numeratore è di grado superiore a quello del denominatore, quindi possiamo utilizzare il metodo della *divisione tra polinomi:*

$$\begin{array}{rrrrr|l}
x^4 & -2x^3 & +3x^2 & -x & -2 & \overbrace{x^2-4x+3}^{D(x)} \\ \cline{6-6}
-x^4 & +4x^3 & -3x^2 & & & \underbrace{x^2+2x+8}_{Q(x)} \\ \cline{1-5}
// & +2x^3 & // & -x & -2 & \\
 & -2x^3 & +8x^2 & -6x & & \\ \cline{2-5}
 & & //+8x^2 & -7x & -2 & \\
 & & -8x^2 & +32x & -24 & \\ \cline{3-5}
 & & & // & \underbrace{+25x-26}_{R(x)} &
\end{array}$$

Sappiamo che:

$$\frac{N(x)}{D(x)} = Q(x) + \frac{R(x)}{D(x)}$$

quindi possiamo riscrivere l'integrale come:

$$\begin{aligned}
\int \frac{x^4-2x^3+3x^2-x-1}{x^2-4x+3}\,\mathrm{d}x &= \int \left(x^2+2x+8+\frac{25x-26}{x^2-4x+3}\right)\mathrm{d}x \\
&= \frac{x^3}{3}+x^2+8x+\underbrace{\int \frac{25x-26}{x^2-4x+3}\,\mathrm{d}x}_{I_2}
\end{aligned}$$

Calcoliamo ora l'integrale I_2, usando il metodo della decomposizione in frazioni parziali. Scomponiamo innanzitutto il denominatore in fattori primi:

$$\frac{25x-26}{x^2-4x+3} = \frac{25x-26}{(x-1)(x-3)}$$

Il denominatore ha radici reali e distinte, quindi la frazione può essere scomposta come segue:

$$\begin{aligned}
\frac{25x-26}{(x-1)(x-3)} &= \frac{A}{x-1}+\frac{B}{x-3} = \frac{A(x-3)+B(x-1)}{(x-1)(x-3)} \\
&= \frac{Ax-3A+Bx-B}{(x-1)(x-3)} = \frac{x(A+B)-3A-B}{(x-1)(x-3)}
\end{aligned}$$

In base al *principio di identità dei polinomi*, abbiamo:

$$\begin{cases} A+B=25 \\ -3A-B=-26 \end{cases} \Rightarrow \begin{cases} A=\frac{1}{2} \\ B=\frac{49}{2} \end{cases}$$

Quindi:

$$I_2 = \int \frac{25x - 26}{x^2 - 4x + 3}\,dx = \frac{1}{2}\int \frac{1}{x-1}\,dx + \frac{49}{2}\int \frac{1}{x-3}\,dx$$
$$= \frac{1}{2}\ln|x-1| + \frac{49}{2}\ln|x-3|$$

Abbiamo pertanto:

$$\int \frac{x^4 - 2x^3 + 3x^2 - x - 1}{x^2 - 4x + 3}\,dx = \frac{x^3}{3} + x^2 + 8x + \frac{1}{2}\ln|x-1| + \frac{49}{2}\ln|x-3| + c$$

7 Calcolare il seguente integrale indefinito:

$$\int \frac{4x+1}{4x^2 - 4x + 1}\,dx$$

Soluzione

Il denominatore della frazione proposta è il quadrato del binomio $(2x-1)$. Il denominatore ha in questo caso radici reali e coincidenti.

Procediamo come nel caso precedente alla scomposizione in frazioni parziali:

$$\frac{4x+1}{(2x-1)^2} = \frac{A}{2x-1} + \frac{B}{(2x-1)^2} = \frac{2Ax - A + B}{(2x-1)^2}$$

Applichiamo come prima il *principio di identità dei polinomi*, ottenendo:

$$\begin{cases} 2A = 4 \\ -A + B = 1 \end{cases} \Rightarrow \begin{cases} A = 2 \\ B = 3 \end{cases}$$

Quindi:

$$\int \frac{4x+1}{4x^2 - 4x + 1}\,dx = \int \frac{2}{2x-1} + \int \frac{3}{(2x-1)^2}\,dx$$
$$= \ln|2x-1| + \frac{3}{2}\int 2(2x-1)^{-2}\,dx$$
$$= \ln|2x-1| - \frac{3}{2(2x-1)} + c$$

In alternativa, è possibile usare il metodo di *sostituzione*, ponendo:

$$2x - 1 = t \Rightarrow x = \frac{1}{2}t + \frac{1}{2} \Rightarrow dx = \frac{1}{2}\,dt$$

L'integrale diventa quindi:

$$\int \frac{4x+1}{(2x-1)^2}\,dx = \int \frac{4\left(\frac{1}{2}t + \frac{1}{2}\right) + 1}{t^2}\,dt = \frac{1}{2}\int \frac{2t+3}{t^2}\,dt$$

$$= \int \frac{1}{t}\,\mathrm{d}t + \frac{3}{2}\int t^{-2}\,\mathrm{d}t = \ln|t| - \frac{3}{2t} + c$$
$$= \ln|2x-1| - \frac{3}{2(2x-1)} + c$$

8 Calcolare il seguente integrale indefinito:

$$\int \frac{2x^2-3}{x^3-3x^2+4}\,\mathrm{d}x$$

Soluzione

Occorre innanzitutto scomporre in fattori primi il denominatore.

Possiamo utilizzare anche in questo caso la *regola di Ruffini*.

Il denominatore ammette sicuramente come divisore il binomio $(x+1)$, quindi si ha:

$$\begin{array}{r|rrr|r} & +1 & -3 & 0 & +4 \\ & & & & \\ -1 & & -1 & +4 & -4 \\ \hline & 1 & -4 & +4 & 0 \end{array}$$

Pertanto risulta:

$$\int \frac{2x^2-3}{x^3-3x^2+4}\,\mathrm{d}x = \int \frac{2x^2-3}{(x+1)(x^2-4x+4)}\,\mathrm{d}x = \int \frac{2x^2-3}{(x+1)(x-2)^2}\,\mathrm{d}x$$

Procediamo ora alla scomposizione in frazioni parziali:

$$\frac{2x^2-3}{(x+1)(x-2)^2} = \frac{A}{x+1} + \frac{B}{x-2} + \frac{C}{(x-2)^2}$$
$$= \frac{Ax^2-4Ax+4A+Bx^2-Bx-2B+Cx+C}{(x+1)(x-2)^2}$$
$$= \frac{x^2(A+B)+x(-4A-B+C)+4A-2B+C}{(x+1)(x-2)^2}$$

Applicando come prima il *principio di identità dei polinomi*, otteniamo:

$$\begin{cases} A+B=2 \\ -4A-B+C=0 \\ 4A-2B+C=-3 \end{cases} \Rightarrow \begin{cases} A=-\frac{1}{9} \\ B=\frac{19}{9} \\ C=\frac{5}{3} \end{cases}$$

L'integrale diventa quindi:

$$\int \frac{2x^2-3}{(x+1)(x-2)^2}\,\mathrm{d}x = \frac{19}{9}\int \frac{1}{x-2}\,\mathrm{d}x - \frac{1}{9}\int \frac{1}{x+1}\,\mathrm{d}x + \frac{5}{3}\int (x-2)^{-2}\,\mathrm{d}x$$
$$= \frac{19}{9}\ln|x-2| - \frac{1}{9}\ln|x+1| - \frac{5}{3(x-2)} + c$$

9 Calcolare il seguente integrale indefinito:

$$\int x^n \ln x\,\mathrm{d}x \ (\text{per } n \neq -1)$$

Soluzione

Applichiamo il metodo di integrazione per parti:

$$\int u(x)\cdot v'(x)\,\mathrm{d}x = u(x)\cdot v(x) - \int u'(x)\cdot v(x)\,\mathrm{d}x$$

Quindi:

$$\int \underbrace{x^n}_{v'(x)}\underbrace{\ln x}_{u(x)}\,\mathrm{d}x = \frac{x^{n+1}}{n+1}\ln x - \int \frac{x^{n+1}}{n+1}\cdot\frac{1}{x}\,\mathrm{d}x$$
$$= \frac{x^{n+1}}{n+1}\ln x - \frac{1}{n+1}\int x^n\,\mathrm{d}x$$
$$= \frac{x^{n+1}}{n+1}\ln x - \frac{1}{n+1}\cdot\frac{x^{n+1}}{n+1} + c$$
$$= \frac{x^{n+1}}{n+1}\ln x - \frac{x^{n+1}}{(n+1)^2} + c$$

1.2 Esercizi proposti

Calcolare i seguenti integrali indefiniti:

1 *Integrali immediati*

(a) $\int \left(5x^2 + \frac{1}{x^3}\right)\mathrm{d}x$ $\left[R: \frac{5}{3}x^3 - \frac{1}{2x^2} + c\right]$

(b) $\int \left(\sqrt{x} + 9\sqrt[3]{x} + x^3\sqrt[5]{x}\right)\mathrm{d}x$ $\left[R: \frac{2}{3}\sqrt{x^3} + \frac{27}{4}\sqrt[3]{x^4} + \frac{5}{21}\sqrt[5]{x^{21}} + c\right]$

(c) $\displaystyle\int \left(\frac{1}{\sqrt[3]{x}} + \frac{2}{\sqrt{x^5}}\right) \mathrm{d}x$ $\left[R : \frac{3}{2}\sqrt[3]{x^2} - \frac{4}{3\sqrt{x^3}} + c\right]$

(d) $\displaystyle\int \frac{1}{x^2\sqrt[3]{x^2}} \mathrm{d}x$ $\left[R : -\frac{3}{5x\sqrt[3]{x^2}} + c\right]$

(e) $\displaystyle\int \frac{x}{\sqrt[7]{x^3}} \mathrm{d}x$ $\left[R : \frac{7}{11}\sqrt[7]{x^{11}} + c\right]$

(f) $\displaystyle\int \frac{x+2}{x} \mathrm{d}x$ $[R : x + 2\ln|x| + c]$

(g) $\displaystyle\int \frac{x^4+2}{3x^4} \mathrm{d}x$ $\left[R : \frac{1}{3}x - \frac{2}{9x^3} + c\right]$

(h) $\displaystyle\int \frac{x^2 - 3x\sqrt{x} + 2\sqrt[3]{x^2}}{\sqrt{x}} \mathrm{d}x$ $\left[R : \frac{2}{5}x^2\sqrt{x} - \frac{3}{2}x^2 + \frac{12}{7}x\sqrt[6]{x} + c\right]$

2 *Integrali per sostituzione immediata*

(a) $\displaystyle\int \frac{1}{x-1} \mathrm{d}x$ $[R : \ln|x-1| + c]$

(b) $\displaystyle\int \frac{x+2}{x+3} \mathrm{d}x$ $[R : x - \ln|x+3| + c]$

(c) $\displaystyle\int \frac{1}{5+2x} \mathrm{d}x$ $\left[R : \frac{1}{2}\ln|2x+5| + c\right]$

(d) $\displaystyle\int \frac{3x^2}{1+x^3} \mathrm{d}x$ $\left[R : \ln\left|x^3+1\right| + c\right]$

(e) $\displaystyle\int \frac{\operatorname{sen} x}{\sqrt[3]{2+3\cos x}} \mathrm{d}x$ $\left[R : -\frac{1}{2}\sqrt[3]{(3\cos x + 2)^2} + c\right]$

(f) $\displaystyle\int \frac{1}{x\ln x} \mathrm{d}x$ $[R : \ln|\ln x| + c]$

(g) $\displaystyle\int \tan x \, \mathrm{d}x$ $[R : -\ln|\cos x| + c]$

(h) $\displaystyle\int \operatorname{sen}(2x+3)\, \mathrm{d}x$ $\left[R : -\frac{1}{2}\cos(2x+3) + c\right]$

(i) $\displaystyle\int \frac{\cos x}{1+\operatorname{sen}^2 x} \mathrm{d}x$ $[R : \arctan(\operatorname{sen} x) + c]$

(j) $\displaystyle\int \operatorname{sen} x \cos x \, \mathrm{d}x$ $\left[R : \frac{1}{2}\operatorname{sen}^2 x + c\right]$

(k) $\displaystyle\int \frac{\ln^3 x}{x} \mathrm{d}x$ $\left[R : \frac{1}{4}\ln^4 x + c\right]$

(l) $\displaystyle\int \left(1+x^2\right)^5 2x \, \mathrm{d}x$ $\left[R : \frac{1}{6}\left(1+x^2\right)^6 + c\right]$

(m) $\displaystyle\int \frac{2x+1}{x^2+x+9}\,dx$ $\left[R: \ln\left(x^2+x+9\right)+c\right]$

(n) $\displaystyle\int 2x \operatorname{sen} x^2\,dx$ $\left[R: -\cos x^2+c\right]$

(o) $\displaystyle\int x^2 \cos x^3\,dx$ $\left[R: \frac{1}{3}\operatorname{sen} x^3+c\right]$

(p) $\displaystyle\int \cos x\sqrt{1+\operatorname{sen} x}\,dx$ $\left[R: \frac{2}{3}\sqrt{(1+\operatorname{sen} x)^3}+c\right]$

(q) $\displaystyle\int x \operatorname{sen}\left(1+x^2\right)\,dx$ $\left[R: -\frac{1}{2}\cos\left(x^2+1\right)+c\right]$

(r) $\displaystyle\int x e^{x^2}\,dx$ $\left[R: \frac{1}{2}e^{x^2}+c\right]$

(s) $\displaystyle\int \frac{1-\operatorname{sen} x}{x+\cos x}\,dx$ $[R: \ln|x+\cos x|+c]$

(t) $\displaystyle\int \frac{e^x-e^{-x}}{e^x+e^{-x}}\,dx$ $\left[R: \ln\left(e^x+e^{-x}\right)+c\right]$

3 *Integrali per sostituzione*

(a) $\displaystyle\int \sqrt{e^x-1}\,dx$ $\left[R: 2\sqrt{e^x-1}-2\arctan\sqrt{e^x-1}+c\right]$

(b) $\displaystyle\int \frac{1}{\sqrt{x\left(1+\sqrt{x}\right)}}\,dx$ $\left[R: 4\sqrt{\sqrt{x}+1}+c\right]$

(c) $\displaystyle\int \frac{3}{x-\sqrt{x}}\,dx$ $\left[R: 6\ln|\sqrt{x}-1|+c\right]$

(d) $\displaystyle\int \frac{4e^x}{e^{2x}+1}\,dx$ $[R: 4\operatorname{arctg} e^x+c]$

(e) $\displaystyle\int \frac{x}{\sqrt[4]{1+3x}}\,dx$ $\left[R: \frac{4}{9}\left[\frac{1}{7}\sqrt[4]{(3x+1)^3}\cdot(3x+1)-\frac{1}{3}\sqrt[4]{(3x+1)^3}\right]+c\right]$

(f) $\displaystyle\int \frac{4}{x\sqrt{4x-1}}\,dx$ $\left[R: 8\operatorname{arctg}\sqrt{4x-1}+c\right]$

(g) $\displaystyle\int \frac{1}{x(\ln^2 x-4\ln x+3)}\,dx$ $\left[R: \frac{1}{2}\left(\ln|\ln x-3|-\ln|\ln x-1|\right)+c\right]$

(h) $\displaystyle\int e^x\ln\left(1+e^x\right)\,dx$ $[R: \ln\left(e^x+1\right)-e^x+e^x\ln\left(e^x+1\right)+c]$

(i) $\displaystyle\int \frac{1}{x\left(9+\ln 5x\right)^4}\,dx$ $\left[R: -\frac{1}{3(9+\ln 5x)^3}+c\right]$

4 *Integrali di funzioni razionali fratte*

(a) $\displaystyle\int \frac{1}{x^2-5x+6}\,dx$ $[R: \ln|x-3|-\ln|x-2|+c]$

(b) $\displaystyle\int \frac{2x-3}{x^2-4x+3}\,\mathrm{d}x$ $\left[R: \frac{1}{2}\ln|x-1| + \frac{3}{2}\ln|x-3| + c\right]$

(c) $\displaystyle\int \frac{x^4-5x^3+10x^2+12x-3}{x^2-3x+2}\,\mathrm{d}x$

$\left[R: \frac{1}{3}x^3 - x^2 + 2x - 15\ln|x-1| + 37\ln|x-2| + c\right]$

(d) $\displaystyle\int \frac{-x^4+4x^3-3x^2-x+3}{x^3-5x^2+8x-4}\,\mathrm{d}x$

$\left[R: -\frac{1}{2}x^2 - x + 2\ln|x-1| - 2\ln|x-2| - \frac{5}{x-2} + c\right]$

(e) $\displaystyle\int \frac{x^3+27}{x-3}\,\mathrm{d}x$ $\left[R: 54\ln|x-3| + \frac{x^3}{3} + \frac{3}{2}x^2 + 9x + c\right]$

(f) $\displaystyle\int \frac{x^5-4x^3+2x^2+3x-5}{x+1}\,\mathrm{d}x$

$\left[R: -3\ln|x+1| + \frac{x^5}{5} - \frac{x^4}{4} - x^3 + \frac{5x^2}{2} - 2x + c\right]$

(g) $\displaystyle\int \frac{4x^3+5}{2x+3}\,\mathrm{d}x$ $\left[R: -\frac{17}{4}\ln|2x+3| + \frac{2}{3}x^3 - \frac{3}{2}x^2 + \frac{9}{2}x + c\right]$

(h) $\displaystyle\int \frac{1}{x^2-3x+2}\,\mathrm{d}x$ $[R: \ln|x-2| - \ln|x-1| + c]$

(i) $\displaystyle\int \frac{1}{x^2-4}\,\mathrm{d}x$ $\left[R: \frac{1}{4}\ln\left|\frac{x-2}{x+2}\right| + c\right]$

(j) $\displaystyle\int \frac{2+3x}{2x^2+x-3}\,\mathrm{d}x$ $\left[R: \frac{1}{2}\ln\left|(x-1)^2(2x+3)\right| + c\right]$

(k) $\displaystyle\int \frac{1}{9x^2-6x+1}\,\mathrm{d}x$ $\left[R: -\frac{1}{3(3x-1)} + c\right]$

(l) $\displaystyle\int \frac{1}{4x^2+12x+9}\,\mathrm{d}x$ $\left[R: -\frac{1}{2(2x+3)} + c\right]$

(m) $\displaystyle\int \frac{3x+5}{x^2-6x+9}\,\mathrm{d}x$ $\left[R: 3\ln|x-3| - \frac{14}{x-3} + c\right]$

(n) $\displaystyle\int \frac{2x^2+3}{x^3-x^2-x+1}\,\mathrm{d}x$ $\left[R: \frac{5}{4}\ln|x+1| + \frac{3}{4}\ln|x-1| - \frac{5}{2(x-1)} + c\right]$

5. *Integrali per parti*

(a) $\displaystyle\int \ln x\,\mathrm{d}x$ $[R: x\ln x - x + c]$

(b) $\displaystyle\int x\cos x\,\mathrm{d}x$ $[R: \cos x + x\,\mathrm{sen}\,x + c]$

(c) $\displaystyle\int x^2\ln x\,\mathrm{d}x$ $\left[R: \frac{1}{3}x^3\ln x - \frac{1}{9}x^3 + c\right]$

(d) $\displaystyle\int x\mathrm{e}^x\,\mathrm{d}x$ $[R: x\mathrm{e}^x - \mathrm{e}^x + c]$

(e) $\displaystyle\int x^2 e^x \,dx$ $\left[R: 2e^x - 2xe^x + x^2e^x + c\right]$

(f) $\displaystyle\int e^x \operatorname{sen} x \,dx$ $\left[R: \frac{1}{2}(\operatorname{sen} x)\, e^x - \frac{1}{2}(\cos x)\, e^x + c\right]$

(g) $\displaystyle\int \operatorname{sen}^2 x \,dx$ $\left[R: \frac{1}{2}x - \frac{1}{2}\operatorname{sen} x \cos x + c\right]$

(h) $\displaystyle\int x \operatorname{sen} 3x \,dx$ $\left[R: \frac{1}{9}\operatorname{sen} 3x - \frac{1}{3}x \cos 3x + c\right]$

(i) $\displaystyle\int \sqrt{x} \ln x \,dx =$ $\left[R: \sqrt{x}\left(\frac{2}{3}x \ln x - \frac{4}{9}x\right) + c\right]$

(j) $\displaystyle\int xe^{2x} \,dx$ $\left[R: \frac{1}{2}xe^{2x} - \frac{1}{4}e^{2x} + c\right]$

(k) $\displaystyle\int \frac{\ln x}{\sqrt{x}} \,dx$ $\left[R: 2\sqrt{x}\ln x - 4\sqrt{x} + c\right]$

❻ *Esercizi di riepilogo*

(a) $\displaystyle\int \frac{1}{1+\sqrt[3]{x}}\,\mathrm{d}x$ $\quad\left[R: 3\left(\frac{1}{2}\sqrt[3]{x^2}-\sqrt[3]{x}+\ln|1+\sqrt[3]{x}|\right)+c\right]$

(b) $\displaystyle\int \frac{2\mathrm{e}^{2x}-\mathrm{e}^{x}}{\mathrm{e}^{2x}-6\mathrm{e}^{x}-7}\,\mathrm{d}x$ $\quad\left[R: \frac{13}{8}\ln|\mathrm{e}^{x}-7|+\frac{3}{8}\ln|\mathrm{e}^{x}+1|+c\right]$

(c) $\displaystyle\int \ln(x^2+1)\,\mathrm{d}x$ $\quad\left[R: x\ln(x^2+1)-2x+2\,\mathrm{arctg}\,x+c\right]$

(d) $\displaystyle\int \frac{\ln(\ln x+1)}{x}\,\mathrm{d}x$ $\quad\left[R: (\ln x+1)\ln(\ln x+1)-\ln x+c\right]$

(e) $\displaystyle\int \sqrt[3]{x-4}\,\mathrm{d}x$ $\quad\left[R: \frac{3}{4}\sqrt[3]{(x-4)^4}+c\right]$

(f) $\displaystyle\int \ln(x^2-4)\,\mathrm{d}x$ $\quad\left[R: x\ln(x^2-4)-2x-2\ln\left|\frac{x-2}{x+2}\right|+c\right]$

(g) $\displaystyle\int \frac{1}{x^2}\cos\frac{1}{x}\,\mathrm{d}x$ $\quad\left[R: -\,\mathrm{sen}\,\frac{1}{x}+c\right]$

(h) $\displaystyle\int \frac{\cos(\ln x)}{x}\,\mathrm{d}x$ $\quad\left[R: \mathrm{sen}\,(\ln x)+c\right]$

(i) $\displaystyle\int \left(\mathrm{e}^{2-x}+\frac{2}{x}\right)\mathrm{d}x$ $\quad\left[R: 2\ln|x|-\mathrm{e}^{2-x}+c\right]$

(j) $\displaystyle\int x\sqrt{x^2+3}\,\mathrm{d}x$ $\quad\left[R: \frac{1}{3}\left(x^2+3\right)\sqrt{x^2+3}+c\right]$

CAPITOLO 2

Integrali definiti

2.1 Esercizi svolti

1 Calcolare il seguente integrale definito:

$$\int_1^2 \frac{x^3 - 2x^2 + \sqrt{x}}{x^2}\,\mathrm{d}x$$

Soluzione

Per la *formula fondamentale del calcolo integrale*, si ha:

$$\int_a^b f(x)\,\mathrm{d}x = [F(x)]_a^b = F(b) - F(a)$$

con $F(x)$ primitiva qualsiasi della funzione $f(x)$.

Occorre quindi calcolare, innanzitutto, una primitiva[1] della funzione assegnata:

$$\int \frac{x^3 - 2x^2 + \sqrt{x}}{x^2}\,\mathrm{d}x = \frac{x^2}{2} - 2x - \frac{2}{\sqrt{x}} + c$$

Si ha:

$$\int_1^2 \frac{x^3 - 2x^2 + \sqrt{x}}{x^2}\,\mathrm{d}x = \left[\frac{x^2}{2} - 2x - \frac{2}{\sqrt{x}}\right]_1^2$$

[1] Per l'applicazione della formula fondamentale del calcolo integrale ci basta *una* primitiva della funzione $f(x)$. Pertanto negli esercizi che seguono, per comodità, sceglieremo sempre come primitiva quella per la quale la costante d'integrazione c è pari a 0.

$$
\begin{aligned}
&= 2 - 4 - \sqrt{2} - \left(\frac{1}{2} - 2 - 2\right) \\
&= \frac{3}{2} - \sqrt{2}
\end{aligned}
$$

❷ Calcolare il seguente integrale definito:

$$\int_0^{\frac{\pi}{2}} \cos^2 x \, \mathrm{d}x$$

Soluzione

Calcoliamo innanzitutto una primitiva della funzione assegnata, usando il metodo di integrazione per parti:

$$
\begin{aligned}
\int \cos^2 x \, \mathrm{d}x &= \int \left(1 - \operatorname{sen}^2 x\right) \, \mathrm{d}x^{(2)} \\
&= x - \int \operatorname{sen}^2 x \, \mathrm{d}x \\
&= x - \int \underbrace{\operatorname{sen} x}_{u(x)} \cdot \underbrace{\operatorname{sen} x}_{v'(x)} \, \mathrm{d}x \\
&= x + \operatorname{sen} x \cos x - \int \cos^2 x \, \mathrm{d}x
\end{aligned}
$$

Quindi:

$$
\begin{aligned}
\int \cos^2 x \, \mathrm{d}x &= x + \operatorname{sen} x \cos x - \int \cos^2 x \, \mathrm{d}x \\
2 \int \cos^2 x \, \mathrm{d}x &= x + \operatorname{sen} x \cos x \\
\int \cos^2 x \, \mathrm{d}x &= \frac{1}{2} \operatorname{sen} x \cos x + \frac{1}{2} x + c
\end{aligned}
$$

Possiamo ora calcolare l'integrale definito:

$$\int_0^{\frac{\pi}{2}} \cos^2 x \, \mathrm{d}x = \left[\frac{1}{2} \operatorname{sen} x \cos x + \frac{1}{2} x\right]_0^{\frac{\pi}{2}} = \frac{\pi}{4}$$

❸ Calcolare il seguente integrale definito:

$$\int_1^{64} \frac{1 - \sqrt[3]{x}}{\sqrt{x} + \sqrt[3]{x}} \, \mathrm{d}x$$

(2) Dalla relazione fondamentale della trigonometria: $\cos^2 x = 1 - \operatorname{sen}^2 x$.

Soluzione

Calcoliamo innanzitutto una primitiva della funzione assegnata, usando il metodo di integrazione per sostituzione.

Dato che nell'integrale proposto compaiono radici di diverso indice, è opportuno definire come nuova variabile di integrazione t una radice il cui indice sia il minimo comune multiplo degli indici delle radici che compaiono. In questo caso, porremo:

$$\sqrt[6]{x} = t \Rightarrow x = t^6 \Rightarrow \mathrm{d}x = 6t^5\,\mathrm{d}t$$

Quindi:

$$\begin{aligned}\int \frac{1-\sqrt[3]{x}}{\sqrt{x}+\sqrt[3]{x}}\,\mathrm{d}x &= \int \frac{1-t^2}{t^3+t^2}\cdot 6t^5\,\mathrm{d}t \\ &= 6\int \frac{(1-t)(1+t)}{t^2(t+1)}\cdot t^5\,\mathrm{d}t \\ &= 6\int \left(t^3-t^4\right)\mathrm{d}t \\ &= 6\left(\frac{t^4}{4}-\frac{t^5}{5}\right)+c\end{aligned}$$

Una prima possibilità per calcolare l'integrale definito è quella di ritornare alla variabile x. Otteniamo:

$$\int \frac{1-\sqrt[3]{x}}{\sqrt{x}+\sqrt[3]{x}}\,\mathrm{d}x = \frac{3}{2}\sqrt[3]{x^2}-\frac{6}{5}\sqrt[6]{x^5}+c$$

Ora possiamo calcolare l'integrale definito:

$$\int_1^{64} \frac{1-\sqrt[3]{x}}{\sqrt{x}+\sqrt[3]{x}}\,\mathrm{d}x = \left[\frac{3}{2}\sqrt[3]{x^2}-\frac{6}{5}\sqrt[6]{x^5}\right]_1^{64} = -\frac{147}{10}$$

Una seconda possibilità è quella di calcolare i nuovi estremi di integrazione rispetto a $t = g(x)$. In questo caso otteniamo:

$$t_1 = \sqrt[6]{1} = 1; \quad t_2 = \sqrt[6]{64} = 2$$

Quindi:

$$\left[6\left(\frac{t^4}{4}-\frac{t^5}{5}\right)\right]_1^2 = -\frac{147}{10}$$

4 Calcolare il seguente integrale definito:

$$\int_{-1}^{0} \frac{5x^4-3x+7}{x-1}\,\mathrm{d}x$$

Soluzione

Calcoliamo innanzitutto una primitiva della funzione assegnata. La funzione assegnata è razionale fratta ed il polinomio al numeratore è di grado superiore a quello del denominatore. Occorre quindi eseguire una divisione tra polinomi. In questo caso, dato che abbiamo al denominatore un binomio di primo grado, possiamo usare il metodo di *Ruffini:*

	5	0	0	−3	7
1		+5	+5	+5	+2
	5	5	5	2	9

Si ha quindi:

$$\begin{aligned}\int \frac{5x^4 - 3x + 7}{x-1}\,\mathrm{d}x &= \int \left(5x^3 + 5x^2 + 5x + 2 + \frac{9}{x-1}\right)\mathrm{d}x \\ &= \frac{5}{4}x^4 + \frac{5}{3}x^3 + \frac{5}{2}x^2 + 2x + 9\ln|x-1| + c\end{aligned}$$

Ora possiamo calcolare l'integrale definito:

$$\int_{-1}^{0} \frac{5x^4 - 3x + 7}{x-1}\,\mathrm{d}x = \left[\frac{5}{4}x^4 + \frac{5}{3}x^3 + \frac{5}{2}x^2 + 2x + 9\ln|x-1|\right]_{-1}^{0} = -\frac{1}{12} - 9\ln 2$$

5 Calcolare il seguente integrale definito:

$$\int_{3}^{4} \frac{x^2 - 4x + 1}{x^3 - 2x^2 - x + 2}\,\mathrm{d}x$$

Soluzione

Calcoliamo innanzitutto una primitiva della funzione assegnata, usando il metodo di scomposizione:

$$\frac{x^2 - 4x + 1}{x^3 - 2x^2 - x + 2} = \frac{x^2 - 4x + 1}{(x-1)(x+1)(x-2)}$$

Quindi:

$$\begin{aligned}\frac{x^2 - 4x + 1}{(x-1)(x+1)(x-2)} &= \frac{A}{x-1} + \frac{B}{x+1} + \frac{C}{x-2} \\ &= \frac{x^2(A+B+C) + x(-A-3B) + (-2A+2B-C)}{(x-1)(x+1)(x-2)}\end{aligned}$$

Per il *principio di identità dei polinomi*, abbiamo:

$$\begin{cases} A + B + C = 1 \\ -A - 3B = -4 \\ -2A + 2B - C = 1 \end{cases}$$

che ammette come soluzione:

$$\begin{cases} A = 1 \\ B = 1 \\ C = -1 \end{cases}$$

Quindi:

$$\begin{aligned} \int \frac{x^2 - 4x + 1}{x^3 - 2x^2 - x + 2} \, dx &= \int \frac{1}{x-1} \, dx + \int \frac{1}{x+1} \, dx - \int \frac{1}{x-2} \, dx \\ &= \ln|x-1| + \ln|x+1| - \ln|x-2| + c \end{aligned}$$

Ora possiamo calcolare l'integrale definito:

$$\begin{aligned} \int_3^4 \frac{x^2 - 4x + 1}{x^3 - 2x^2 - x + 2} \, dx &= [\ln|x-1| + \ln|x+1| - \ln|x-2|]_3^4 \\ &= \ln 5 + \ln 3 - 4 \ln 2 \end{aligned}$$

6 Calcolare il seguente integrale definito:

$$\int_2^3 \frac{3x^2 - 2x + 2}{(x-1)^3} \, dx$$

Soluzione

Calcoliamo innanzitutto una primitiva della funzione assegnata, usando il metodo di scomposizione:

$$\begin{aligned} \frac{3x^2 - 2x + 2}{(x-1)^3} &= \frac{A}{x-1} + \frac{B}{(x-1)^2} + \frac{C}{(x-1)^3} \\ &= \frac{Ax^2 + x(-2A + B) + (A - B + C)}{(x-1)^3} \end{aligned}$$

Per il *principio di identità dei polinomi*, abbiamo:

$$\begin{cases} A = 3 \\ -2A + B = -2 \\ A - B + C = 2 \end{cases}$$

che ammette come soluzione:

$$\begin{cases} A = 3 \\ B = 4 \\ C = 3 \end{cases}$$

Quindi:

$$\begin{aligned}\int \frac{3x^2 - 2x + 2}{(x-1)^3}\,\mathrm{d}x &= 3\int \frac{1}{x-1}\,\mathrm{d}x + 4\int \frac{1}{(x-1)^2}\,\mathrm{d}x + 3\int \frac{1}{(x-1)^3}\,\mathrm{d}x \\ &= 3\ln|x-1| - \frac{4}{x-1} - \frac{3}{2(x-1)^2} \\ &= 3\ln|x-1| + \frac{5-8x}{2(x-1)^2} + c\end{aligned}$$

Ora possiamo calcolare l'integrale definito:

$$\int_2^3 \frac{3x^2 - 2x + 2}{(x-1)^3}\,\mathrm{d}x = \left[3\ln(x-1) + \frac{5-8x}{2(x-1)^2}\right]_2^3 = 3\ln 2 + \frac{25}{8}$$

7 Determinare il valore dell'estremo superiore k (con $k > 3$) in modo che sia:

$$\int_3^k \frac{2x+2}{2x^2 - 5x + 2}\,\mathrm{d}x = \ln\frac{20}{7}$$

Soluzione

Dobbiamo innanzitutto calcolare una primitiva della funzione assegnata, usando il metodo di scomposizione:

$$\begin{aligned}\int \frac{2x+2}{2x^2-5x+2}\,\mathrm{d}x &= \int \frac{2x+2}{(2x-1)(x-2)}\,\mathrm{d}x \\ &= \int \left(\frac{-2}{2x-1} + \frac{2}{x-2}\right)\mathrm{d}x \\ &= \int \frac{-2}{2x-1}\,\mathrm{d}x + \int \frac{2}{x-2}\,\mathrm{d}x \\ &= -\ln|2x-1| + 2\ln|x-2| + c\end{aligned}$$

Ora calcoliamo l'integrale definito:

$$\int_3^k \frac{2x+2}{2x^2-5x+2}\,\mathrm{d}x = [-\ln|2x-1|]_3^k + [2\ln|x-2|]_3^k$$

$$\begin{aligned} &= -\ln(2k-1) + \ln 5 + 2\ln(k-2) \\ &= \ln\frac{5}{2k-1} + \ln(k-2)^2 \\ &= \ln\frac{5(k-2)^2}{2k-1} \end{aligned}$$

In base alla condizione iniziale, deve essere:

$$I = \ln\frac{20}{7}$$

quindi avremo:

$$\begin{aligned} \ln\frac{5(k-2)^2}{2k-1} &= \ln\frac{20}{7} \\ \frac{5(k-2)^2}{2k-1} &= \frac{20}{7} \\ 7(k-2)^2 &= 4(2k-1) \end{aligned}$$

da cui si ricava

$$k_1 = 4, k_2 = \frac{8}{7}$$

Dato che $k_2 < 3$, la seconda soluzione non è accettabile, per cui l'unico valore che soddisfa la condizione iniziale è $k = 4$.

8 Determinare la primitiva della funzione

$$f(x) = (x-2)^2 e^x$$

passante per il punto $P(0; 10)$.

Soluzione

Calcoliamo innanzitutto l'insieme delle primitive della funzione, usando il metodo di integrazione per parti:

$$\begin{aligned} \int (x-2)^2 e^x \, dx &= (x-2)^2 e^x - 2\int (x-2)e^x \, dx \\ &= (x-2)^2 e^x - 2\left[(x-2)e^x - \int e^x \, dx\right] \\ &= (x-2)^2 e^x - 2(x-2)e^x + 2e^x + c \\ &= e^x \cdot (x^2 - 4x + 4 - 2x + 4 + 2) + c \\ &= e^x \cdot (x^2 - 6x + 10) + c \end{aligned}$$

Ora cerchiamo la primitiva passante per P, sostituendo le coordinate del punto:

$$10 = e^0 \cdot 10 + c \Rightarrow c = 0$$

La primitiva cercata è pertanto:

$$F(x) = e^x \cdot (x^2 - 6x + 10)$$

9 Calcolare l'area della regione di piano limitata dall'asse delle ascisse e dal grafico della funzione $f(x) = 4x - x^3$ nell'intervallo $[-2, 2]$.

Soluzione

In figura 1 è rappresentato il grafico della funzione $y = 4x - x^3$ ed è evidenziata la regione di cui si richiede l'area.

L'area richiesta ($\mathcal{A}$) può essere ottenuta calcolando l'integrale definito del valore assoluto della funzione:

$$\begin{aligned}\mathcal{A} &= \int_a^b |f(x)| \, dx = \int_{-2}^{2} \left|4x - x^3\right| dx \\ &= \int_{-2}^{0} (-4x + x^3) \, dx + \int_0^2 (4x - x^3) \, dx = 2 \int_0^2 (4x - x^3) \, dx^{(3)} \\ &= 2 \left[2x^2 - \frac{1}{4}x^4\right]_0^2 = 8\end{aligned}$$

10 Calcolare l'area della regione di piano limitata dall'asse delle ascisse e dal grafico della funzione:

$$f(x) = \begin{cases} xe^{-x} & x \geq 0 \\ -\ln(x+1) & -1 < x < 0 \end{cases}$$

nell'intervallo $\left[-\frac{1}{2}, 1\right]$.

Soluzione

In figura 2 è rappresentato il grafico della funzione $y = f(x)$ ed è evidenziata la regione di cui si richiede l'area.

(3) Poichè $f(x)$ è dispari, cioè $-f(x) = f(-x)$.

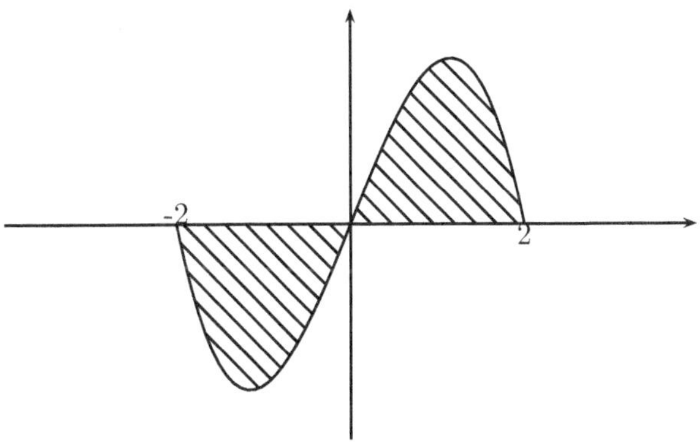

Figura 1 La funzione $y = 4x - x^3$

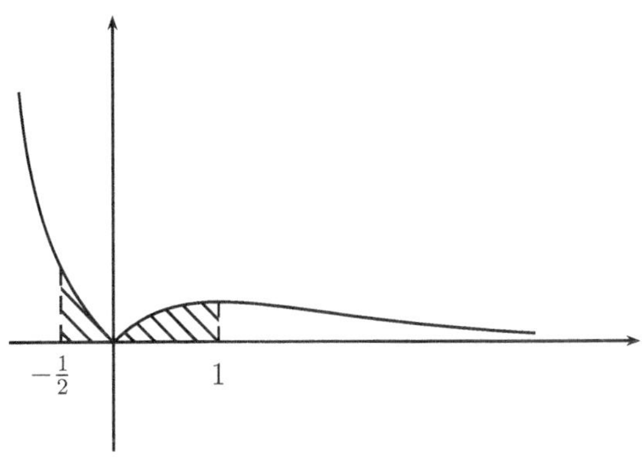

Figura 2 La funzione $y = f(x)$

L'area richiesta può essere calcolata come segue:

$$\mathcal{A} = \int_{-\frac{1}{2}}^{1} f(x)\,\mathrm{d}x = \underbrace{\int_{-\frac{1}{2}}^{0} -\ln(x+1)\,\mathrm{d}x}_{I_1} + \underbrace{\int_{0}^{1} x\mathrm{e}^{-x}\,\mathrm{d}x}_{I_2}$$

Calcoliamo ora separatamente i due integrali, I_1 e I_2 (usando in entrambi i casi, come abbiamo visto precedentemente, il metodo di integrazione *per parti*):

$$\begin{aligned} I_1 &= \int_{-\frac{1}{2}}^{0} -\ln(x+1)\,\mathrm{d}x \\ &= \left[x-(x+1)\ln(x+1)\right]_{-\frac{1}{2}}^{0} \\ &= \frac{1}{2} - \frac{\ln 2}{2} \end{aligned}$$

$$\begin{aligned} I_2 &= \int_{0}^{1} x\mathrm{e}^{-x}\,\mathrm{d}x \\ &= \left[-\mathrm{e}^{-x}(x+1)\right]_{0}^{1} \\ &= 1 - \frac{2}{\mathrm{e}} \end{aligned}$$

L'area richiesta è quindi pari a:

$$\mathcal{A} = \frac{1}{2} - \frac{\ln 2}{2} + 1 - \frac{2}{\mathrm{e}} = \frac{3}{2} - \frac{\ln 2}{2} - \frac{2}{\mathrm{e}}$$

11 Calcolare l'area della regione di piano limitata dall'asse delle ascisse e dal grafico della funzione $y = |x-1|\mathrm{e}^x$ nell'intervallo $[0, 2]$.

Soluzione

In figura 3 è rappresentato il grafico della funzione $y = |x-1|\mathrm{e}^x$ (il grafico non è in scala) ed è evidenziata la regione di cui si richiede l'area. Osserviamo che:

$$|x-1| = \begin{cases} x-1 & \text{per } x \geq 1 \\ 1-x & \text{per } x < 1 \end{cases}$$

Quindi, l'area proposta ($\mathcal{A}$) può essere calcolata come segue:

$$\mathcal{A} = \int_{0}^{2} |x-1|\mathrm{e}^x\,\mathrm{d}x$$

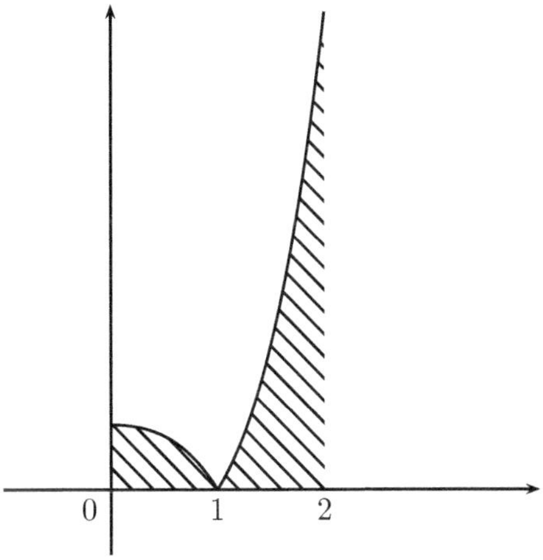

Figura 3 La funzione $y = |x-1|e^x$

$$= \int_0^1 -(x-1)e^x \, dx + \int_1^2 (x-1)e^x \, dx$$
$$= -\int_0^1 (x-1)e^x \, dx + \int_1^2 (x-1)e^x \, dx$$

È necessario, a questo punto, calcolare una primitiva della funzione $y = (x-1)e^x$, che compare in entrambi gli integrali.

Usiamo il metodo di integrazione *per parti:*

$$\int \underbrace{(x-1)}_{u(x)} \underbrace{e^x}_{v'(x)} \, dx = (x-1)e^x - \int e^x \, dx$$
$$= (x-1)e^x - e^x$$
$$= (x-2)e^x + c$$

Ora possiamo calcolare l'area richiesta:

$$\mathcal{A} = [-(x-2)e^x]_0^1 + [(x-2)e^x]_1^2 = 2(e-1)$$

12 Data la funzione:

$$f(x) = x^3 e^{x^4}$$

calcolare l'area della regione di piano $D = D_1 \cup D_2$, dove:

$$D_1 = \{(x,y) \in \mathbb{R}^2 : -2 \leq x \leq 0, \; f(x) \leq y \leq 0\}$$
$$D_2 = \{(x,y) \in \mathbb{R}^2 : 0 \leq x \leq 2, \; 0 \leq y \leq f(x)\}$$

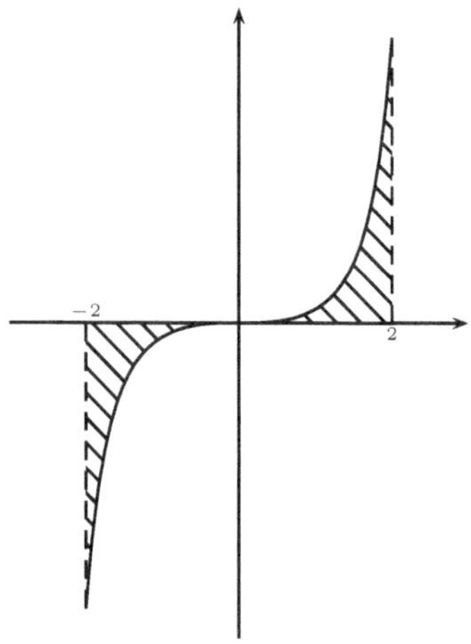

Figura 4 La funzione $f(x) = x^3 e^{x^4}$

Soluzione

In figura 4 è rappresentato il grafico della funzione $f(x) = x^3 e^{x^4}$ (il grafico non è in scala) ed è evidenziata la regione di cui si richiede l'area. Osserviamo innanzitutto che $f(x)$ è una funzione dispari[(4)]. Quindi, l'area della regione di piano $D = D_1 \cup D_2$ sarà data da:

$$\mathcal{A} = \int_{-2}^{0} -f(x)\,\mathrm{d}x + \int_{0}^{2} f(x)\,\mathrm{d}x = 2\int_{0}^{2} f(x)\,\mathrm{d}x$$

Abbiamo allora:

$$\mathcal{A} = 2\int_{0}^{2} x^3 e^{x^4}\,\mathrm{d}x = \frac{1}{2}\left[e^{x^4}\right]_0^2 = \frac{1}{2}\left(e^{16} - 1\right)$$

13 Calcolare l'area della regione finita di piano compresa tra i grafici delle funzioni $f(x) = 2 - x^2$ e $g(x) = \sqrt[3]{x^2}$.

Soluzione

In figura 5 è rappresentato il grafico delle funzioni $f(x) = 2-x^2$ e $g(x) = \sqrt[3]{x^2}$ ed è evidenziata la regione di cui si richiede l'area. Occorre determinare

(4) Si ha infatti $f(-x) = -f(x)$.

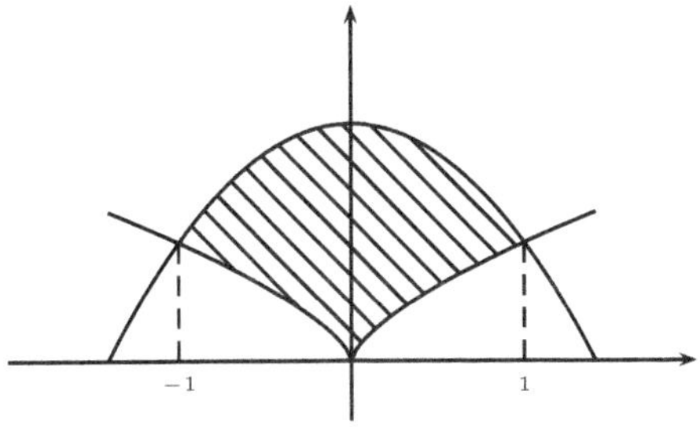

Figura 5 Le funzioni $f(x) = 2 - x^2$ e $g(x) = \sqrt[3]{x^2}$

innanzitutto le coordinate dei punti di intersezione delle due funzioni:

$$\begin{cases} y = 2 - x^2 \\ y = \sqrt[3]{x^2} \end{cases} \Rightarrow \begin{cases} x = \pm 1 \\ y = 1 \end{cases}$$

L'area richiesta si ottiene calcolando:

$$\begin{aligned} \int_{-1}^{1} (f(x) - g(x))\, \mathrm{d}x &= \int_{-1}^{1} \left(2 - x^2 - \sqrt[3]{x^2}\right) \mathrm{d}x \\ &= \left[2x - \frac{1}{3}x^3 - \frac{3}{5}\sqrt[3]{x^5}\right]_{-1}^{1} \\ &= \frac{32}{15} \end{aligned}$$

14 Calcolare il valor medio della funzione:

$$f(x) = \frac{x^2}{4 + x^3}$$

nell'intervallo $[-1, 2]$.

Soluzione

Il valor medio di una funzione, in un intervallo $[a, b]$ è dato da:

$$VM = \frac{1}{b - a} \int_a^b f(x)\, \mathrm{d}x$$

Quindi, nel nostro caso, avremo:

$$VM = \frac{1}{2 - (-1)} \int_{-1}^{2} \frac{x^2}{4 + x^3}\, \mathrm{d}x$$

$$
\begin{aligned}
&= \frac{1}{3}\left[\frac{1}{3}\ln|x^3+4|\right]_{-1}^{2} \\
&= \frac{1}{3}\cdot\left[\frac{1}{3}(\ln 12 - \ln 3)\right] \\
&= \frac{2}{9}\ln 2
\end{aligned}
$$

15 Calcolare il valor medio della funzione:

$$
f(x) = \begin{cases} -xe^x & x < 0 \\ x(x^2+1)^3 & x \geq 0 \end{cases}
$$

nell'intervallo $[-1, 1]$.

Soluzione

Si ha:

$$
\begin{aligned}
VM &= \frac{\int_{-1}^{1} f(x)\,\mathrm{d}x}{1-(-1)} \\
&= \frac{\int_{-1}^{0} -xe^x\,\mathrm{d}x + \int_0^1 x(x^2+1)^3\,\mathrm{d}x}{2} \\
&= \frac{\left[-xe^x + e^x\right]_{-1}^{0} + \left[\frac{1}{8}(x^2+1)^4\right]_0^1}{2} \\
&= \frac{1-\frac{2}{e}+\frac{15}{8}}{2} \\
&= \frac{23}{16} - \frac{1}{e}
\end{aligned}
$$

2.2 Esercizi proposti

1 Calcolare i seguenti integrali definiti:

(a) $\displaystyle\int_0^1 x\ln(2-x)\,\mathrm{d}x$ $\left[R: 2\ln 2 - \frac{5}{4}\right]$

(b) $\displaystyle\int_0^1 2\ln\left(x+\sqrt{1+x^2}\right)\mathrm{d}x$ $\left[R: 2\ln\left(\sqrt{2}+1\right) - 2\sqrt{2}+2\right]$

(c) $\displaystyle\int_0^1 xe^{-x}\,\mathrm{d}x$ $\left[R: 1-2e^{-1}\right]$

(d) $\displaystyle\int_4^5 \frac{3x^3 - x + 2}{x^2 - 4x + 3}\,\mathrm{d}x$ $\left[R: 40\ln 2 + 2\ln 3 - 2\ln 4 + \frac{51}{2}\right]$

(e) $\displaystyle\int_0^1 \frac{x-1}{2x^2 + 3x + 1}\,\mathrm{d}x$ $\left[R: 2\ln 2 - \frac{3}{2}\ln 3\right]$

(f) $\displaystyle\int_4^5 \frac{\mathrm{e}^x + 1}{\mathrm{e}^x - 3}\,\mathrm{d}x$ $\left[R: \frac{4}{3}\ln\left(\frac{\mathrm{e}^5-3}{\mathrm{e}^4-3}\right) - \frac{1}{3}\right]$

(g) $\displaystyle\int_0^{\frac{\pi}{4}} x\sin x\,\mathrm{d}x$ $\left[R: \frac{\sqrt{2}}{2} - \frac{\sqrt{2}\pi}{8}\right]$

(h) $\displaystyle\int_0^1 \frac{\mathrm{e}^x\sqrt{\mathrm{e}^x - 1}}{3 + \mathrm{e}^x}\,\mathrm{d}x$ $\left[R: 2\sqrt{\mathrm{e}-1} - 4\,\mathrm{arctg}\left(\frac{\sqrt{\mathrm{e}-1}}{2}\right)\right]$

(i) $\displaystyle\int_{\frac{\pi}{4}}^{\frac{\pi}{2}} \mathrm{cotg}\,x\,\mathrm{d}x$ $\left[R: \frac{\ln 2}{2}\right]$

(j) $\displaystyle\int_{36}^{49} \frac{2\sqrt{x} - 1}{x - 6\sqrt{x} + 5}\,\mathrm{d}x$ $\left[R: \frac{1}{2}\ln\left(\frac{5}{3}\right) + 22\ln 2 + 4\right]$

2 Determinare il valore dell'estremo superiore k, in modo che risulti:

(a) $\displaystyle\int_0^k (2 + |x-2|)\,\mathrm{d}x = \frac{17}{2}$ (con $k \geq 2$) $[R: k = 3]$

(b) $\displaystyle\int_0^k x\mathrm{e}^{1-x^2}\,\mathrm{d}x = \frac{1}{2}(e-1)$ (con $k > 0$) $[R: k = 1]$

(c) $\displaystyle\int_3^k \frac{x-5}{x^2 - x - 2}\,\mathrm{d}x = \ln\left(\frac{25}{32}\right)$ (con $k > 3$) $\left[R: k = 4 \vee k = \frac{13}{2}\right]$

(d) $\displaystyle\int_9^k \frac{1}{\sqrt{x}(x-4)}\,\mathrm{d}x = \frac{1}{2}\ln\left(\frac{5}{3}\right)$ $[R: k = 16]$

(e) $\displaystyle\int_{\frac{1}{2}}^k \sqrt{\frac{1-x}{x^5}}\,\mathrm{d}x = \frac{2}{3}$ (con $k > \frac{1}{2}$) $[R: k = 1]$

3 Determinare la primitiva delle seguenti funzioni passante per il punto di fianco indicato:

(a) $f(x) = \frac{3x}{x^2+8}$; $P(1, 0)$ $\left[R: F(x) = \frac{3}{2}\ln(x^2+8) - 3\ln 3\right]$

(b) $f(x) = x^2(x^3+3)^4$; $P(-2; 1)$ $\left[R: \frac{1}{15}(x^3+3)^5 + \frac{628}{3}\right]$

(c) $f(x) = \frac{1}{x^2}\mathrm{e}^{\frac{1}{x}}$; $P(1; -\mathrm{e})$ $\left[R: F(x) = -\mathrm{e}^{\frac{1}{x}}\right]$

(d) $f(x) = \frac{2}{x^2-1}$; $P(2, 0)$ $[R: F(x) = \ln|x-1| - \ln|x+1| + \ln 3]$

(e) $f(x) = \ln(x^2 - 2x)$; $P(3; 3\ln 3)$ $\left[R: F(x) = x\ln(x^2-2x) - 2x - 2\ln|x-2| + 6\right]$

(f) $f(x) = \frac{1}{1+\sqrt{x+1}}$; $P(1; 0)$

$\left[R: F(x) = 2\sqrt{x+1} - 2\ln(1+\sqrt{x+1}) + 2\ln(\sqrt{2}+1) - 2\sqrt{2}\right]$

(g) $f(x) = \frac{e^{2x}}{\sqrt[4]{e^x+1}}$; $P(0;2)$ $\left[R : F(x) = \frac{4}{21}(3e^x - 4)\sqrt[4]{(e^x+1)^3} + 2 + \frac{4}{21}\sqrt[4]{8}\right]$

(h) $f(x) = \sqrt{2-x}e^{\sqrt{2-x}}$; $P(0;9)$

$\left[R : F(x) = 2e^{\sqrt{2-x}}\left(2\sqrt{2-x} + x - 4\right) + e^{\sqrt{2}}(8 - 4\sqrt{2}) + 9\right]$

(i) $f(x) = x\ln(x-2)$; $P(3;-6)$

$\left[R : F(x) = \frac{x^2}{2}\ln(x-2) - \frac{1}{4}x^2 - x - 2\ln(x-2) - \frac{3}{4}\right]$

(j) $f(x) = \frac{1}{x\sqrt{x}(x-4)}$; $P\left(9;\frac{1}{6}\right)$ $\left[R : F(x) = \frac{1}{2\sqrt{x}} + \frac{1}{8}\ln\left|\frac{\sqrt{x}-2}{\sqrt{x}+2}\right| + \frac{1}{8}\ln 5\right]$

4 Calcolare l'area della regione di piano delimitata dal grafico della funzione $y = f(x)$ e dall'asse delle ascisse, nell'insieme di fianco indicato:

(a) $f(x) = \frac{x+3\sqrt{x}+2}{x\sqrt{x}}$; $I[1,4]$ $[R : 4 + 6\ln 2]$

(b) $f(x) = \frac{\sqrt{x+1}}{x-3}$; $I[8,15]$ $\left[R : 2 + 2\ln\frac{5}{3}\right]$

(c) $f(x) = xe^{\sqrt{x}}$; $I[0,1]$ $[R : 12 - 4e]$

(d) $f(x) = |x|e^{|x|}$; $I[-1,1]$ $[R : 2]$

(e) $f(x) = \begin{cases} 1 - x^2 & x < 1 \\ \frac{\ln x}{x} & x \geq 1 \end{cases}$; $I[0,2]$ $\left[R : \frac{2}{3} + \frac{\ln^2 2}{2}\right]$

(f) $f(x) = x^2e^{x^3}$; $I = I_1 \cup I_2$, con:

$$I_1 = \left\{(x,y) \in \mathbb{R}^2 : -2 \leq x \leq 0,\ f(x) \leq y \leq 0\right\}$$

$$I_2 = \left\{(x,y) \in \mathbb{R}^2 : 0 \leq x \leq 2,\ 0 \leq y \leq f(x)\right\}$$

$\left[R : \frac{1}{3}e^8 - \frac{1}{3}e^{-8}\right]$

5 Calcolare il valor medio delle seguenti funzioni nell'intervallo di fianco indicato:

(a) $f(x) = x^2 + x + 1$, $I[-2,1]$ $\left[R : \frac{3}{2}\right]$

(b) $f(x) = e^{-4x+3}$, $I[0,2]$ $\left[R : \frac{1}{8}e^3 - \frac{1}{8e^5}\right]$

(c) $f(x) = \ln(x+1)$, $I[0,2]$ $\left[R : \frac{3}{2}\ln 3 - 1\right]$

(d) $f(x) = \frac{x^3}{x^4+3}$, $I[1,2]$ $\left[R : \frac{1}{4}\ln\left(\frac{19}{4}\right)\right]$

(e) $f(x) = \cos x(\operatorname{sen} x + 1)^3$, $I\left[0,\frac{\pi}{2}\right]$ $\left[R : \frac{15}{2\pi}\right]$

(f) $f(x) = \begin{cases} -\ln(1-x^2) & -1 < x < 1 \\ x\ln x & x \geq 1 \end{cases}$, $I[0,3]$ $\left[R : \frac{3}{2}\ln 3 - \frac{2}{3}\ln 2\right]$

CAPITOLO 3

Integrali impropri

3.1 Esercizi svolti

1 Stabilire se risulta convergente il seguente integrale improprio e, in caso affermativo, determinarne il valore:

$$\int_{3}^{+\infty} \frac{1}{x^2 - 4}\, \mathrm{d}x$$

Soluzione

Per $x \to +\infty$, si ha che $\frac{1}{x^2-4} \sim \frac{1}{x^2}$.

Dato che $\frac{1}{x^2}$ ha integrale improprio convergente, per $x \to +\infty$, anche la funzione assegnata avrà integrale improprio convergente.

Abbiamo quindi:

$$\begin{aligned}
\int_{3}^{+\infty} \frac{1}{x^2 - 4}\, \mathrm{d}x &= \left[\frac{1}{4} \ln \frac{x-2}{x+2}\right]_{3}^{+\infty} \\
&= \lim_{K \to +\infty} \frac{1}{4} \ln \left|\frac{K-2}{K+2}\right| + \frac{\ln 5}{4} \\
&= \frac{\ln 5}{4}
\end{aligned}$$

❷ Stabilire se risulta convergente il seguente integrale improprio e, in caso affermativo, determinarne il valore:

$$\int_2^{+\infty} \frac{x^2}{x^3-1}\,\mathrm{d}x$$

Soluzione

Per $x \to +\infty$, si ha che $\frac{x^2}{x^3-1} \sim \frac{1}{x}$. Dato che $\frac{1}{x}$ ha integrale improprio divergente, anche la funzione assegnata avrà integrale improprio divergente, per $x \to +\infty$.

❸ Data la funzione:

$$f(x) = \begin{cases} \frac{x^3}{x^4+1} & x < 0 \\ x\mathrm{e}^{-x^2} & x \geq 0 \end{cases}$$

Determinare, se esiste, il valore dell'integrale improprio $\displaystyle\int_{-1}^{+\infty} f(x)\,\mathrm{d}x$

Soluzione

L'integrale è sicuramente convergente.

Si ha quindi:

$$\begin{aligned}
\int_{-1}^{+\infty} f(x)\,\mathrm{d}x &= \int_{-1}^{0} \frac{x^3}{x^4+1}\,\mathrm{d}x + \int_0^{+\infty} x\mathrm{e}^{-x^2}\,\mathrm{d}x \\
&= \left[\frac{1}{4}\ln(x^4+1)\right]_{-1}^{0} + \left[-\frac{1}{2}\mathrm{e}^{-x^2}\right]_0^{+\infty} \\
&= -\frac{1}{4}\ln 2 + \lim_{K\to+\infty} -\frac{1}{2}\mathrm{e}^{-K^2} + \frac{1}{2} \\
&= \frac{1}{2} - \frac{1}{4}\ln 2
\end{aligned}$$

3.2 Esercizi proposti

❶ Stabilire se i seguenti integrali impropri sono convergenti o divergenti:

(a) $\displaystyle\int_2^{+\infty} \frac{1}{\ln x}\,\mathrm{d}x$ [*R : divergente*]

(b) $\displaystyle\int_0^{+\infty} e^{-x}\,dx$ [*R : convergente*]

(c) $\displaystyle\int_2^{+\infty} \frac{1}{x^2 \ln x}\,dx$ [*R : convergente*]

(d) $\displaystyle\int_0^{+\infty} x^5 e^{-x}\,dx$ [*R : convergente*]

(e) $\displaystyle\int_1^{+\infty} x^3 \ln\left(1+\frac{1}{x^6}\right) dx$ [*R : convergente*]

2. Calcolare il valore dei seguenti integrali impropri:

(a) $\displaystyle\int_0^{+\infty} e^{-2x+1}\,dx$ $\left[R : \frac{e}{2}\right]$

(b) $\displaystyle\int_0^{+\infty} x e^{-x^2}\,dx$ $\left[R : \frac{1}{2}\right]$

(c) $\displaystyle\int_{-\infty}^{0} x e^{x}\,dx$ $[R : -1]$

(d) $\displaystyle\int_3^{+\infty} \frac{2x+1}{x^3-2x^2-x+2}\,dx$ $\left[R : \frac{11}{6}\ln 2\right]$

(e) $\displaystyle\int_3^{+\infty} \frac{x-3}{x^3-5x^2+8x-4}\,dx$ $[R : 2\ln 2 - 1]$

CAPITOLO 4

Funzione integrale

4.1 Esercizi svolti

1 Sia

$$f(x) = \begin{cases} -x & -1 \leq x < 0 \\ 2x^2 & 0 \leq x \leq 1 \end{cases}$$

Determinare l'espressione della funzione:

$$F(x) = \int_{-1}^{x} f(t)\,\mathrm{d}t$$

e tracciarne un grafico qualitativo.

Soluzione

Si ha:

$$F(x) = \begin{cases} \displaystyle\int_{-1}^{x} -t\,\mathrm{d}t & -1 \leq x < 0 \\ \displaystyle\int_{-1}^{0} -t\,\mathrm{d}t + \int_{0}^{x} 2t^2\,\mathrm{d}t & 0 \leq x \leq 1 \end{cases}$$

Quindi:

$$F(x) = \begin{cases} \frac{1}{2} - \frac{x^2}{2} & -1 \leq x < 0 \\ \frac{1}{2} + \frac{2}{3}x^3 & 0 \leq x \leq 1 \end{cases}$$

Il grafico della funzione $F(x)$ è il seguente:

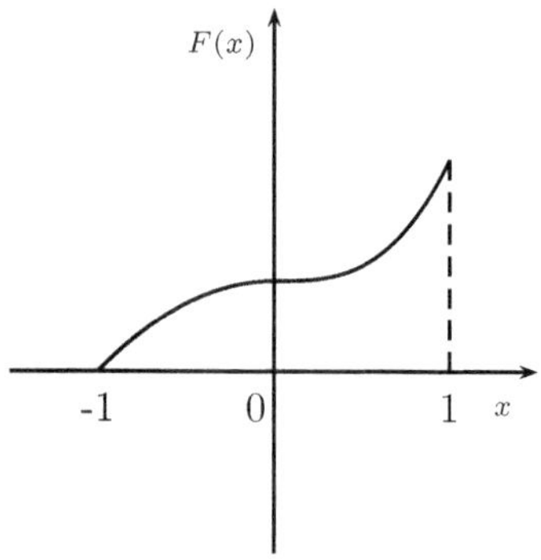

❷ Data la funzione $f(t) = (t + a)e^t$:

(a) determinare l'espressione della funzione $F(x) = \int_0^x f(t)\,dt$

(b) determinare il valore del parametro reale a in modo che:

$$\lim_{x \to a} F(x) = a$$

Soluzione

(a) Per calcolare l'integrale assegnato, utilizziamo il metodo d'integrazione per parti:

$$\begin{aligned}\int_0^x (t+a)e^t\,dt &= \left[(t+a)e^t\right]_0^x - \int_0^x e^t\,dt \\ &= (x+a)e^x - a - e^x + 1 \\ &= e^x(x+a-1) - (a-1)\end{aligned}$$

Quindi:

$$F(x) = e^x(x+a-1) - (a-1)$$

(b) Deve essere:

$$\lim_{x \to a} e^x(x+a-1) - (a-1) = a \Rightarrow e^a(2a-1) = 2a-1 \Rightarrow a = 0 \vee a = \frac{1}{2}$$

❸ Determinare l'equazione della retta tangente al grafico della funzione:

$$F(x) = \int_0^x (t-1)^3(t+2)\,dt$$

nel punto di ascissa $x = 0$.

Soluzione

Il Teorema di Torricelli-Barrow afferma che, se la funzione integranda è continua in $\mathbb{R}$, la funzione integrale $F(x)$ è derivabile in $\mathbb{R}$ con derivata:

$$F'(x) = f(x)$$

Nel nostro caso, quindi, poiché $f(x)$ è continua in $\mathbb{R}$, avremo:

$$F'(x) = (x-1)^3(x+2)$$

Ricaviamo pertanto:

$$F'(0) = -2$$

Inoltre[1]

$$F(0) = 0$$

Sappiamo che l'equazione della retta tangente è data da:

$$y = F'(x_0) \cdot (x - x_0) + F(x_0)$$

Nel nostro caso, la retta tangente risulta:

$$y = -2x$$

4 Stabilire se la funzione

$$F(x) = \int_1^x (1 + t^4 + \mathrm{e}^t)\,\mathrm{d}t$$

è invertibile in $\mathbb{R}$.

Soluzione

Per il Teorema di Torricelli-Barrow, essendo la funzione integranda continua in $\mathbb{R}$, la funzione integrale $F(x)$ è derivabile in $\mathbb{R}$ con derivata:

$$F'(x) = 1 + x^4 + \mathrm{e}^x$$

La derivata prima di $F(x)$ è positiva per ogni valore di x (essendo ottenuta come somma di 1 e di quantità non negative), quindi la funzione è invertibile (dato che è monotona crescente).

5 Stabilire se la funzione

$$F(x) = \int_0^x 3t\sqrt{2+t^2}\,\mathrm{d}t$$

ammette in $x = 0$ un punto di massimo locale.

(1) Si ricordi che

$$\int_a^a f(x)\,\mathrm{d}x = 0$$

Soluzione

Per il Teorema di Torricelli-Barrow, si ha:

$$F'(x) = 3x\sqrt{2+x^2}$$

Essa si annulla in $x = 0$.

Inoltre, la funzione risulta crescente in $(0; +\infty)$ e decrescente in $(-\infty; 0)$. Quindi in $x = 0$ la funzione presenta un punto di minimo.

6. Determinare i punti stazionari di

$$F(x) = \int_1^x (t^3 - t^2)\mathrm{e}^{-t}\,\mathrm{d}t$$

precisandone la natura.

Soluzione

Per il Teorema di Torricelli-Barrow, si ha:

$$F'(x) = (x^3 - x^2)\mathrm{e}^{-x}$$

Essa si annulla in $x = 0$ e in $x = 1$.

La funzione risulta inoltre crescente in $(1; +\infty)$ e decrescente in $(-\infty; 1)$. Quindi, in $x = 0$ si ha un punto di flesso a tangente orizzontale, in $x = 1$ un punto di minimo.

7. Data la funzione:

$$F(x) = \int_0^x \ln(1+5t^2)\,\mathrm{d}t$$

calcolare:

$$\lim_{x\to 0} \frac{F(x)}{8x^3}$$

Soluzione

Il limite proposto si presenta nella forma di indecisione del tipo $\frac{0}{0}$.

Possiamo applicare il Teorema di De L'Hospital:

$$\lim_{x\to 0} \frac{\int_0^x \ln(1+5t^2)\,\mathrm{d}t}{8x^3} \overset{(H)}{=} \lim_{x\to 0} \frac{\ln(1+5x^2)}{24x^2} = \frac{5}{24}$$

8. Data la funzione:

$$F(x) = \int_0^x \mathrm{e}^{-\frac{t^3}{3}}\,\mathrm{d}t$$

(a) stabilire se è invertibile

(b) determinare il polinomio di Mc Laurin del quarto ordine per $F(x)$.

Soluzione

(a) Per il Teorema di Torricelli-Barrow, si ha:

$$F'(x) = \mathrm{e}^{-\frac{x^3}{3}}$$

La derivata prima risulta sempre positiva. La funzione assegnata è monotona crescente e quindi invertibile.

(b) Il polinomio di Mc Laurin del quarto ordine è dato da:

$$P_4(x) = F(0) + F'(0) \cdot x + F''(0) \cdot \frac{x^2}{2} + F'''(0) \cdot \frac{x^3}{3!} + F^{\text{iv}}(x) \cdot \frac{x^4}{4!}$$

Per la funzione assegnata, si ha:

$$F'(x) = \mathrm{e}^{-\frac{x^3}{3}};\ F''(x) = -x^2\mathrm{e}^{-\frac{x^3}{3}}$$

$$F'''(x) = (x^4 - 2x)\mathrm{e}^{-\frac{x^3}{3}};\ F^{\text{iv}}(x) = (6x^3 - x^6 - 2)\mathrm{e}^{-\frac{x^3}{3}}$$

e quindi:

$$F(0) = 0;\ F'(0) = 1;\ F''(0) = 0;\ F'''(0) = 0;\ F^{\text{iv}}(0) = -2$$

Il polinomio di Mc Laurin arrestato al quarto ordine per la funzione $F(x)$ risulta quindi:

$$P_4(x) = x - \frac{1}{12}x^4$$

4.2 Esercizi proposti

1 Determinare l'espressione delle seguenti funzioni integrali:

(a) $F(x) = \int_0^x (2t+1)\ln t\,dt$ $\left[R : F(x) = (x^2+x)\ln x - \frac{x^2}{2} - x\right]$

(b) $F(x) = \int_1^x \mathrm{e}^{3t+4}\,\mathrm{d}t$ $\left[R : F(x) = \frac{\mathrm{e}^{3x+4}}{3} - \frac{\mathrm{e}^7}{3}\right]$

(c) $F(x) = \int_9^x \frac{\sqrt{t+16}}{t}\,\mathrm{d}t$

$\left[R : F(x) = -4\log\left(\sqrt{x+16}+4\right) + 4\log\left(\sqrt{x+16}-4\right) + 2\sqrt{x+16} + 4\log(9) - 10\right]$

(d) $F(x) = \int_{-1}^x f(t)\,\mathrm{d}t$, con $f(t) = \begin{cases} -t^2+1 & -1 \le t < 0 \\ \ln(1+t)+1 & t \ge 0 \end{cases}$

$\left[R : F(x) = \begin{cases} -\frac{x^3}{3} + x + \frac{2}{3} & -1 \le x < 0 \\ (x+1)\ln(x+1) + \frac{2}{3} & x \ge 0 \end{cases}\right]$

(e) $F(x) = \int_0^x f(t)\,\mathrm{d}t$, con $f(t) = \begin{cases} 3-t & 0 \le t \le 3 \\ (t-3)\mathrm{e}^t & t > 3 \end{cases}$

$\left[R : F(x) = \begin{cases} 3x - \frac{x^2}{2} & 0 \le x \le 3 \\ \mathrm{e}^x(x-4) + \mathrm{e}^3 + \frac{9}{2} & x > 3 \end{cases}\right]$

2 Determinare l'equazione della retta tangente al grafico delle funzioni assegnate, nel punto di ascissa x_0:

(a) $F(x) = \int_3^x \frac{\mathrm{e}^t}{t^2}\,\mathrm{d}t$; $x_0 = 3$ $\left[R : y = \frac{\mathrm{e}^3}{9}(x-3)\right]$

(b) $F(x) = \int_0^x \left(\mathrm{e}^t - \mathrm{e}^{-t}\right)\mathrm{d}t$, $x_0 = \ln 3$. $\left[R : y = \frac{8}{3}(x - \ln 3) + \frac{4}{3}\right]$

(c) $F(x) = \int_2^x t\mathrm{e}^{-t^2}\,\mathrm{d}t$, $x_0 = 0$ $\left[R : y = -\frac{1}{2} + \frac{1}{2\mathrm{e}^4}\right]$

(d) $F(x) = \int_1^x \frac{3t^2+1}{t^3+t-1}\,\mathrm{d}t$, $x_0 = 0$ $[R : y = x]$

(e) $F(x) = \int_1^x t\ln(2t)\,\mathrm{d}t$, $x_0 = 2$ $\left[R : y = 4x\ln 2 - \frac{9}{2}\ln 2 - \frac{3}{4}\right]$

3 Data la funzione:

$$\int_0^x \mathrm{e}^{\sqrt{t}}(1+\sqrt{t})\,\mathrm{d}t$$

stabilire quale delle seguenti affermazioni è vera:

(a) La funzione è invertibile in $(-1; +\infty)$

(b) La funzione è invertibile in $[0; +\infty)$

(c) La funzione ha un punto di minimo in $x = 1$

(d) La funzione è monotona decrescente

$[R : (b)]$

4 Data la funzione:

$$F(x) = \int_2^x \frac{(3-t)\mathrm{e}^t}{\sqrt{t}}\,\mathrm{d}t$$

stabilire quale delle seguenti affermazioni è vera:

(a) La funzione è monotona crescente

(b) La funzione è monotona decrescente

(c) La funzione è decrescente in $(0, 3)$ e crescente in $(3; +\infty)$; presenta in $x = 3$ un punto di minimo

(d) La funzione è crescente in $(0, 3)$ e decrescente in $(3; +\infty)$; presenta in $x = 3$ un punto di massimo

[$R:(d)$]

5 Data la funzione:

$$F(x)=\int_0^x te^t(t-2)^4\,dt$$

stabilire quale delle seguenti affermazioni è vera:

(a) La funzione presenta in $x=0$ un punto di minimo e in $x=2$ un punto di flesso a tangente orizzontale

(b) La funzione presenta in $x=0$ un punto di minimo e in $x=2$ un punto di flesso a tangente verticale

(c) La funzione presenta in $x=0$ un punto di massimo e in $x=2$ un punto di flesso a tangente orizzontale

(d) La funzione presenta in $x=0$ un punto di minimo e in $x=2$ un punto di massimo

[$R:(a)$]

6 Calcolare i seguenti limiti:

(a) $\lim_{x\to0}\dfrac{\int_0^x\left(\sqrt[3]{1+x^2}-1\right)dt}{4x^3}$ $\left[R:\frac{1}{36}\right]$

(b) $\lim_{x\to0}\dfrac{\int_0^x\ln(1+\operatorname{sen}t)\,dt}{3x^2}$ $\left[R:\frac{1}{6}\right]$

(c) $\lim_{x\to0}\dfrac{\int_0^x\left(e^{4t^3}-1\right)dt}{7x^4}$ $\left[R:\frac{1}{7}\right]$

(d) $\lim_{x\to0}\dfrac{\int_0^x\operatorname{sen}t^4\,dt}{3x^4}$ $[R:0]$

(e) $\lim_{x\to0}\dfrac{\int_0^x(1-\cos3t)\,dt}{x^2}$ $[R:0]$

7 Calcolare il polinomio di Mc Laurin per le funzioni assegnate, arrestato all'ordine indicato:

(a) $F(x)=\int_0^x e^{-t^4}\,dt$, quarto ordine $[R:P_4=x]$

(b) $F(x)=\int_0^x\ln(1-t^2)\,dt$, terzo ordine $\left[R:P_3=-\frac{x^3}{3}\right]$

(c) $F(x) = \int_0^x \operatorname{sen} t^2 \, \mathrm{d}t$, quarto ordine $\left[R : P_4 = \frac{x^3}{3}\right]$

(d) $F(x) = \int_0^x \cos t^3 \, \mathrm{d}t$, terzo ordine $[R : P_3 = x]$

CAPITOLO 5

Temi d'esame

1 Calcolare

$$\int_{-3}^{2} f(x)\,\mathrm{d}x$$

dove

$$f(x) = \begin{cases} x\sqrt{4+x^2} & x < 1 \\ \ln(x+4) & x \geq 1 \end{cases}$$

Soluzione

f è continua sull'intervallo di integrazione salvo in $x = 1$ dove presenta una discontinuità di prima specie (infatti $\lim\limits_{x \to 1^-} f(x) = \sqrt{5}, f(1) = \ln 5$), quindi è integrabile in $[-3, 2]$.
Si ottiene

$$\begin{aligned}\int_{-3}^{2} f(x)\,\mathrm{d}x &= \int_{-3}^{1} x\sqrt{4+x^2}\,\mathrm{d}x + \int_{1}^{2} \ln(x+4)\,\mathrm{d}x \\ &= \frac{1}{2}\left[\frac{2}{3}\sqrt{(4+x^2)^3}\right]_{-3}^{1} + [(x+3)\ln(x+4)]_1^2 \\ &= \frac{1}{3}\sqrt{125} - \frac{1}{3}\sqrt{13^3} + 6\ln 6 - 5\ln 5 - 1\end{aligned}$$

2 L'integrale generalizzato $\displaystyle\int_{0}^{+\infty} \frac{\mathrm{e}^{-x}}{2x+3}\,\mathrm{d}x$

(a) diverge a $-\infty$

(b) diverge a $+\infty$
(c) è irregolare
(d) converge

Soluzione

Per $x \to +\infty$, $f(x) \sim \frac{1}{2x\mathrm{e}^x}$, che ha integrale generalizzato convergente. Per il criterio del confronto asintotico, quindi, anche la funzione proposta ha integrale convergente.

La risposta esatta è pertanto la (d).

3 Data la funzione $f : [2; +\infty) \to \mathbb{R}$ così definita: $f(x) = \frac{3}{x^2+x-2}$:

(a) si determini la primitiva F tale che $F(2) = 0$;

(b) si dia la definizione dell'integrale generalizzato $\displaystyle\int_2^{+\infty} f(x)\,\mathrm{d}x$, si dica se converge e, in caso affermativo, lo si calcoli.

Soluzione

(a) Usiamo il metodo di integrazione delle funzioni razionali fratte:

$$\int \frac{3}{x^2+x-2}\,\mathrm{d}x = \int \left(\frac{1}{x-1} - \frac{1}{x+2}\right)\mathrm{d}x = \ln\left|\frac{x-1}{x+2}\right| + c$$

Quindi:

$$F(2) = 0 \Rightarrow \ln\frac{1}{4} + c = 0 \Rightarrow c = \ln 4$$

In conclusione, la primitiva che soddisfa la condizione assegnata è:

$$F(x) = \ln\left|\frac{x-1}{x+2}\right| + \ln 4$$

(b) Poiché $f(x) \sim \frac{3}{x^2}$, per $x \to +\infty$, per il criterio del confronto asintotico l'integrale generalizzato converge.
Si ha quindi:

$$\int_2^{+\infty} f(x)\,\mathrm{d}x = \lim_{x\to+\infty} \ln\left|\frac{x-1}{x+2}\right| + \ln 4 = \ln 4$$

4 L'integrale definito $\displaystyle\int_0^1 (2x-1)\mathrm{e}^x\,\mathrm{d}x$ vale:

(a) 2e
(b) -1
(c) $3-\mathrm{e}$
(d) 0

Soluzione

Usando il metodo di integrazioni per parti, si ha:

$$\int_0^1 (2x-1)\mathrm{e}^x \, \mathrm{d}x = [(2x-3)\mathrm{e}^x]_0^1 = -\mathrm{e}+3$$

La risposta esatta è quindi la (c).

5 Trovare la primitiva della funzione

$$f(x) = 3x^2 \left(\ln 2x + \frac{1}{9x} + 1 \right)$$

il cui grafico passa per il punto di coordinate $\left(\frac{1}{2}, \frac{9}{8}\right)$.

Soluzione

Occorre innanzitutto calcolare la primitiva della funzione assegnata:

$$\begin{aligned} F(x) &= \int 3x^2 \left(\ln 2x + \frac{1}{9x} + 1 \right) \mathrm{d}x \\ &= 3 \int x^2 \ln 2x \, \mathrm{d}x + \frac{1}{3} \int x \, \mathrm{d}x + 3 \int x^2 \, \mathrm{d}x \\ &= x^3 \ln 2x + \frac{2}{3} x^3 + \frac{1}{6} x^2 + c \end{aligned}$$

Ora occorre imporre il passaggio per il punto assegnato:

$$\frac{1}{12} + \frac{1}{24} + c = \frac{9}{8} \Rightarrow c = 1$$

Quindi la primitiva richiesta è:

$$F(x) = x^3 \ln 2x + \frac{2}{3} x^3 + \frac{1}{6} x^2 + 1$$

6 (a) Calcolare il valor medio sull'intervallo $[0,2]$ della funzione

$$f(x) = \begin{cases} x\mathrm{e}^{4x^2} & x < 1 \\ \frac{1}{x(x+2)} & x \geq 1 \end{cases}$$

(b) L'integrale generalizzato

$$\int_1^{+\infty} \frac{1}{x(x+2)} \, \mathrm{d}x$$

converge? In caso affermativo calcolarne il valore.

Soluzione

(a) Si tratta di funzione integrabile in $[0,2]$, pertanto il valor medio esiste e vale

$$\begin{aligned} VM &= \frac{1}{2}\left[\int_0^1 x\mathrm{e}^{4x^2}\,\mathrm{d}x + \int_1^2 \frac{1}{x(x+2)}\,\mathrm{d}x\right] \\ &= \frac{1}{2}\left\{\left[\frac{1}{8}\mathrm{e}^{4x^2}\right]_0^1 + \left[\frac{1}{2}\ln\left|\frac{x}{x+2}\right|\right]_1^2\right\} \\ &= \frac{1}{2}\left\{\frac{1}{8}(\mathrm{e}^4-1) + \frac{1}{2}\ln\frac{3}{2}\right\} \end{aligned}$$

(b) L'integrale generalizzato esiste in quanto la funzione integranda è infinitesima di ordine 2 per $x \to +\infty$; dal risultato precedente, osservando che

$$\lim_{x\to+\infty} \ln\left|\frac{x}{x+2}\right| = 0$$

si ottiene

$$\int_1^{+\infty} \frac{1}{x(x+2)}\,\mathrm{d}x = \frac{1}{2}\ln 3$$

7 (a) Trovare il valor medio della funzione

$$f(x) = |x^2 - 2x|$$

nell'intervallo $[1,4]$.

(b) Calcolare

$$\int_1^{\mathrm{e}} \frac{\ln^3 x}{x}\,\mathrm{d}x$$

(c) Scrivere l'equazione della retta tangente nel punto $x = \mathrm{e}$ al grafico della funzione

$$F(x) = \int_1^x \frac{\ln^3 t}{t}\,\mathrm{d}t$$

Soluzione

(a) Si richiede di calcolare

$$VM = \frac{1}{4-1}\int_1^4 f(x)\,\mathrm{d}x$$

Poiché la funzione integranda nell'intervallo considerato vale

$$f(x) = \begin{cases} 2x - x^2 & 1 \le x \le 2 \\ x^2 - 2x & 2 < x \le 4 \end{cases}$$

si ottiene

$$\begin{aligned} VM &= \frac{1}{3}\int_1^2 (2x - x^2)\,\mathrm{d}x + \frac{1}{3}\int_2^4 (x^2 - 2x)\,\mathrm{d}x \\ &= \frac{1}{3}\left\{\left[x^2 - \frac{1}{3}x^3\right]_1^2 + \left[\frac{1}{3}x^3 - x^2\right]_2^4\right\} \\ &= \frac{22}{9} \end{aligned}$$

(b) Si ha:

$$\int_1^{\mathrm{e}} \frac{\ln^3 x}{x}\,\mathrm{d}x = \left[\frac{1}{4}\ln^4 x\right]_1^{\mathrm{e}} = \frac{1}{4}$$

(c) L'equazione della retta tangente è $y = F(\mathrm{e}) + F'(\mathrm{e})(x - \mathrm{e})$; poiché dal punto precedente $F(\mathrm{e}) = \frac{1}{4}$ e inoltre $F'(x) = \frac{\ln^3 x}{x} \Rightarrow F'(\mathrm{e}) = \frac{1}{\mathrm{e}}$ si ottiene subito

$$y = \frac{1}{4} + \frac{1}{\mathrm{e}}(x - \mathrm{e})$$

8 Se la funzione F, definita da $F(x) = x^2 + \mathrm{e}^x + 1$ è una primitiva della funzione f, allora si ha:

(a) $f(x) = \frac{x^3}{3} + \mathrm{e}^x + x + 1$

(b) $f(x) = \frac{x^3}{3} + \mathrm{e}^x$

(c) $f(x) = \frac{x^3}{3} + \mathrm{e}^x + x + c$

(d) $f(x) = 2x + \mathrm{e}^x$

Soluzione

Per definizione di primitiva, si ha $f(x) = F'(x)$, quindi

$$f(x) = F'(x) = \frac{\mathrm{d}}{\mathrm{d}x}(x^2 + \mathrm{e}^x + 1) = 2x + \mathrm{e}^x$$

La risposta esatta è pertanto la (d).

9 Sia $I = \displaystyle\int_0^4 f(x)\,\mathrm{d}x$. Allora $\displaystyle\int_0^1 f(4x)\,\mathrm{d}x =$

(a) $8I$

(b) $\frac{I}{4}$

(c) $4I$

(d) I

Soluzione

Con la sostituzione $4x = t$, si ottiene

$$\int_0^1 f(4x)\,\mathrm{d}x = \frac{1}{4}\int_0^4 f(t)\,\mathrm{d}t = \frac{I}{4}$$

La risposta esatta è pertanto la (b).

10 Il valor medio della funzione

$$f(x) = \frac{x}{\sqrt{1+x^2}}$$

nell'intervallo $[0, 2]$ è

(a) $\sqrt{5}$
(b) $1 - \sqrt{5}$
(c) non esiste
(d) $\frac{\sqrt{5}-1}{2}$

Soluzione

$$VM = \frac{\int_0^2 \frac{x}{\sqrt{1+x^2}}\,\mathrm{d}x}{2} = \frac{\left[\sqrt{1+x^2}\right]_0^2}{2} = \frac{\sqrt{5}-1}{2}$$

11 Scrivere l'equazione della retta tangente in $x = 0$ al grafico della funzione:

$$F(x) = \int_0^x \mathrm{e}^{-t^2}\,dt$$

Soluzione

Si ha:

$$F(0) = \int_0^0 \mathrm{e}^{-t^2}\,dt = 0$$

Inoltre, per il teorema di Torricelli-Barrow:

$$F'(x) = \mathrm{e}^{-x^2}$$

e quindi

$$F'(0) = 1$$

Quindi l'equazione della retta tangente è

$$y = x$$

12 (a) Scrivere l'equazione della retta tangente al grafico della funzione

$$F(x) = \int_0^x \ln(3+t)\,\mathrm{d}t$$

nel punto $x = 1$.

(b) Calcolare il seguente integrale improprio:

$$\int_{-\infty}^0 \mathrm{e}^{5x}\,\mathrm{d}x$$

Soluzione

(a) La funzione integranda $f(x) = \ln(3+x)$ è continua in $[0,1]$, quindi, per il teorema fondamentale del calcolo integrale, $F'(x) = f(x) = \ln(3+x)$; in particolare $F'(1) = \ln 4$. Si ha poi:

$$\begin{aligned} F(1) &= \int_0^1 \ln(3+x)\,\mathrm{d}x \\ &= [x\ln(3+x)]_0^1 - \int_0^1 \frac{x}{x+3}\,\mathrm{d}x \\ &= [x\ln(3+x) - x + 3\ln(3+x)]_0^1 \\ &= 4\ln 4 - 3\ln 3 - 1 \end{aligned}$$

Quindi l'equazione della retta tangente sarà:

$$y = \ln 4(x-1) + 4\ln 4 - 3\ln 3 - 1$$

(b) Si ha:

$$\int_{-\infty}^0 \mathrm{e}^{5x}\,\mathrm{d}x = \lim_{K\to-\infty}\left[\frac{1}{5}\mathrm{e}^{5x}\right]_K^0 = \frac{1}{5}$$

13 (a) Calcolare i seguenti integrali:

i. $\displaystyle\int_0^2 \frac{2x+3\mathrm{e}^x}{x^2+3\mathrm{e}^x+5}\,\mathrm{d}x$

ii. $\displaystyle\int x\mathrm{e}^{3x}\,\mathrm{d}x$

(b) Stabilire se è convergente l'integrale improprio

$$\int_{-\infty}^0 x\mathrm{e}^{3x}\,\mathrm{d}x$$

Soluzione

(a) Si ha:

i.
$$\int_0^2 \frac{2x+3e^x}{x^2+3e^x+5}\,dx = \left[\ln|x^2+3e^x+5|\right]_0^2 = \ln\frac{9+3e^2}{8}$$

ii.
$$\int xe^{3x}\,dx = \frac{1}{3}xe^{3x} - \frac{1}{3}\int e^{3x}\,dx = \frac{1}{3}xe^{3x} - \frac{1}{9}e^{3x} + c$$

(b) L'integrale improprio è convergente perché

$$\lim_{K\to-\infty}\left[\frac{1}{3}xe^{3x} - \frac{1}{9}e^{3x}\right]_K^0 = -\frac{1}{9}$$

14 L'integrale improprio $\displaystyle\int_0^{+\infty} \frac{3x}{1-2e^{4x}}\,dx$

(a) converge ad un numero positivo
(b) converge ad un numero negativo
(c) diverge a $+\infty$
(d) diverge a $-\infty$

Soluzione

La funzione considerata è negativa $\forall x \in (0,+\infty)$. Inoltre, essa è un infinitesimo di ordine superiore a $\frac{1}{x^2}$ per $x \to +\infty$. Quindi l'integrale improprio converge ad un numero negativo, la risposta corretta è pertanto la (b).

15 L'area della regione di piano delimitata dall'asse x, il grafico della funzione $f(x) = \ln x$ e le rette $x = \frac{1}{2}$ e $x = 3$

(a) è uguale a $-\frac{5}{2} + 3\ln 3 + \frac{1}{2}\ln 2$
(b) è uguale a $-\frac{3}{2} - \frac{1}{2}\ln 2 + 3\ln 3$
(c) è uguale a 0
(d) nessuna delle altre tre risposte è corretta

Soluzione

La funzione $f(x) = \ln x$ è negativa per $\frac{1}{2} < x < 1$; è positiva per $1 < x < 3$. Quindi l'area richiesta sarà pari a:

$$\mathcal{A} = -\int_{\frac{1}{2}}^{1} \ln x\,dx + \int_1^3 \ln x\,dx$$

$$= [x - x \ln x]_{\frac{1}{2}}^{1} + [x \ln x - x]_{1}^{3}$$
$$= -\frac{3}{2} - \frac{1}{2} \ln 2 + 3 \ln 3$$

La risposta corretta è pertanto la (b).

16 Si determini l'integrale indefinito della funzione

$$f(x) = \frac{5x}{x^2 + x - 2}$$

Si determini inoltre la primitiva F di f tale che $F(0) = \frac{10}{3} \ln 2$, specificandone l'intervallo di definizione

Soluzione

Si ha:

$$\frac{5x}{x^2 + x - 2} = \frac{A}{x+2} + \frac{B}{x-1} \Leftrightarrow A = \frac{10}{3} B = \frac{5}{3}$$

Quindi:

$$\int \frac{5x}{x^2 + x - 2} \, \mathrm{d}x = \frac{10}{3} \int \frac{1}{x+2} \, \mathrm{d}x + \frac{5}{3} \int \frac{1}{x-1} \, \mathrm{d}x$$
$$= \frac{10}{3} \ln |x+2| + \frac{5}{3} \ln |x-1| + c$$

Imponendo la condizione $F(0) = \frac{10}{3} \ln 2$, si ottiene $c = 0$.

La primitiva cercata è:

$$F(x) = \frac{10}{3} \ln |x+2| + \frac{5}{3} \ln |x-1|$$

definita in $(-2, 1)$.

17 Calcolare la media integrale di

$$f(x) = \begin{cases} \mathrm{e}^{-2x} & -1 \leq x \leq 0 \\ \frac{x+2}{x^2+1} & 0 < x \leq 1 \end{cases}$$

sull'intervallo $[-1, 1]$.

Soluzione

$$\begin{aligned} VM &= \frac{1}{2}\left[\int_{-1}^{0} \mathrm{e}^{-2x}\,\mathrm{d}x + \int_{0}^{1} \frac{x+2}{x^2+1}\right] \\ &= \frac{1}{2}\left\{\left[-\frac{1}{2}\mathrm{e}^{-2x}\right]_{-1}^{0} + \left[\frac{1}{2}\ln(x^2+1) + 2\,\mathrm{arctg}\,x\right]_{0}^{1}\right\} \\ &= \frac{1}{2}\left(\frac{\mathrm{e}^2-1}{2} + \frac{1}{2}\ln 2 + \frac{\pi}{2}\right) \end{aligned}$$

18 Calcolare il seguente integrale:

$$\int_{1}^{4} f(x)\,\mathrm{d}x$$

dove:

$$f(x) = \begin{cases} x-2 & \text{per } x \leq 3 \\ x & \text{per } 3 < x \leq 4 \end{cases}$$

Soluzione

Si ha:

$$\int_{1}^{4} f(x)\,\mathrm{d}x = \int_{1}^{3} (x-2)\,\mathrm{d}x + \int_{3}^{4} x\,\mathrm{d}x = \left[\frac{(x-2)^2}{2}\right]_{1}^{3} + \left[\frac{x^2}{2}\right]_{3}^{4} = \frac{7}{2}$$

19 Si consideri la funzione $f : [0,2] \to \mathbb{R}$, il cui grafico è:

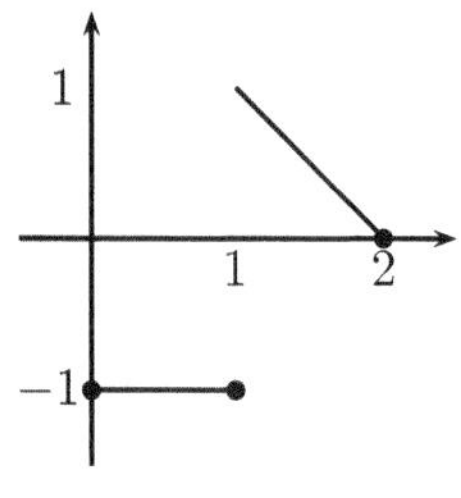

Quale delle seguenti affermazioni è falsa?

(a) $\nexists c \in [0,2] : f(c) =$ valor medio di f in $[0,2]$
(b) f è Riemann-integrabile in $[0,2]$
(c) il valor medio di f in $[0,2]$ è $-\frac{1}{4}$
(d) non esiste il valor medio di f in $[0,2]$, perché f non è continua

Soluzione

La (b) è vera, perchè f è limitata, e con un unico punto di discontinuità di prima specie, quindi è Riemann-integrabile; il valor medio di f in $[0, 2]$ è $-\frac{1}{4}$, quindi la (c) è vera; il valore $-\frac{1}{4}$ non è assunto dalla funzione, quindi la (a) è vera; il valor medio di una funzione integrabile secondo Riemann esiste sempre, anche se f non è continua, quindi l'unica affermazione falsa è la (d).

20 Stabilire per quali $\alpha \in \mathbb{R}$ converge l'integrale improprio

$$\int_1^{+\infty} \left(e^{\frac{1}{x}} - 1\right) \frac{1}{x^\alpha} \, dx$$

Soluzione

Si può applicare il criterio del confronto asintotico:

$$f(x) = \left(e^{\frac{1}{x}} - 1\right) \frac{1}{x^\alpha} > 0 \forall x \in (1, +\infty)$$

La funzione è continua nell'intervallo indicato ed inoltre:

$$\left(e^{\frac{1}{x}} - 1\right) \frac{1}{x^\alpha} \sim \frac{1}{x} \cdot \frac{1}{x^\alpha} = \frac{1}{x^{\alpha+1}} \text{ per } x \to +\infty$$

L'integrale risulta convergente per

$$\alpha + 1 > 1 \Rightarrow \alpha > 0$$

21 Calcolare il seguente integrale:

$$\int_0^1 e^{-2x} \ln\left(2 - e^{-2x}\right) \, dx$$

Soluzione

Utilizziamo il metodo di sostituzione: poniamo $t = 2 - e^{-2x}$ (e quindi $dt = 2e^{-2x} \, dx$).

L'integrale diventa:

$$\begin{aligned} \int_0^1 e^{-2x} \ln\left(2 - e^{-2x}\right) \, dx &= \int_1^{2-e^{-2}} \frac{1}{2} \ln t \, dt \\ &= \left[\frac{1}{2} t \ln t - t\right]_1^{2-e^{-2}} \\ &= \ln(2 - e^{-2}) + \frac{1}{2} e^{-2} - \frac{1}{2} e^{-2} \ln(2 - e^{-2}) - \frac{1}{2} \end{aligned}$$

22 Considerata la funzione

$$f(x) = \frac{e^{-x} + 1}{2e^{x}}$$

(a) Calcolare l'integrale indefinito di $f(x)$;

(b) Determinare la primitiva g di f tale che $g(0) = \frac{1}{2}$.

Soluzione

(a) Si ha:

$$\begin{aligned}\int \frac{e^{-x}+1}{2e^{x}}\,dx &= \int \frac{e^{x}+1}{2e^{2x}}\,dx \\ &= \frac{1}{2}\int \frac{1}{e^{2x}}\,dx + \frac{1}{2}\int \frac{1}{e^{x}}\,dx \\ &= -\frac{1}{4}e^{-2x} - \frac{1}{2}e^{-x} + c\end{aligned}$$

(b) Occorre imporre:

$$g(0) = \frac{1}{2} \Rightarrow -\frac{1}{2} - \frac{1}{4} + c = \frac{1}{2} \Rightarrow c = \frac{5}{4}$$

La primitiva cercata è quindi:

$$g(x) = -\frac{1}{4}e^{-2x} - \frac{1}{2}e^{-x} + \frac{5}{4}$$

23 Si consideri la funzione:

$$f(x) = \begin{cases} 3x^2 & 0 \le x \le 1 \\ -1 & 1 < x \le \frac{3}{2} \\ 7 & \frac{3}{2} < x \le 2 \end{cases}$$

allora il valor medio di f nell'intervallo $[0, 2]$

(a) non esiste, perché f non è continua;

(b) è 2

(c) è 4

(d) non è assunto dalla funzione, perchè f non è continua.

Soluzione

Si ha:

$$VM = \frac{\int_0^2 f(x)\,\mathrm{d}x}{2} = \frac{1 - \frac{1}{2} + \frac{7}{2}}{2} = \frac{4}{2} = 2$$

La risposta corretta è pertanto la (b).

24 Quale delle seguenti funzioni ha integrale improprio convergente, nell'intervallo $(-\infty, 0]$?

(a) $\frac{e^x}{-1+x}$
(b) $\frac{e^{-x}}{-1+x}$
(c) $\frac{e^{|x|}}{-1+x}$
(d) nessuna delle tre

Soluzione

La prima funzione è continua e, per $x \to -\infty$, infinitesima di ordine superiore, ad esempio, a $\frac{1}{x^2}$; pertanto, per il criterio del confronto, ammette integrale improprio convergente in $(-\infty, 0]$; le funzioni in (b) e in (c) sono la stessa funzione, in $(-\infty, 0]$, e, per $x \to -\infty$ divergono a $-\infty$, quindi hanno integrale improprio divergente. La risposta corretta è pertanto la (a).

25 (a) Determinare SENZA CONTI il valor medio della funzione

$$f(x) = \frac{x}{\sqrt{9+x^2}}$$

sull'intervallo $[-3, 3]$, giustificando la risposta.

(b) Calcolare il valor medio della stessa funzione sull'intervallo $[0, 4]$ e determinare il punto in cui la funzione assume tale valore medio.

Soluzione

(a) Si osservi che l'intervallo è simmetrico rispetto a $x = 0$ e la funzione è dispari: pertanto il suo valor medio è zero.

(b) Si ha:

$$VM = \frac{1}{4}\int_0^4 \frac{x}{\sqrt{9+x^2}}\,\mathrm{d}x = \frac{1}{4}\left[\sqrt{9+x^2}\right]_0^4 = \frac{1}{2}$$

Il punto c richiesto si ottiene risolvendo l'equazione:

$$\frac{1}{2} = f(c) \Rightarrow \frac{1}{2} = \frac{c}{\sqrt{9+c^2}} \Rightarrow c = \sqrt{3}$$

La radice negativa è da scartare poiché esterna all'intervallo considerato.

Determinare le primitive della funzione:

$$f(x) = \frac{1-x}{1+x^2}$$

Soluzione

Si ha:

$$\int f(x)\,\mathrm{d}x = \int \left(\frac{1}{1+x^2} - \frac{1}{2}\frac{2x}{1+x^2} \right) \mathrm{d}x = \operatorname{arctg} x - \frac{1}{2}\ln(1+x^2) + c$$

(a) Scrivere l'equazione della retta tangente al grafico della funzione

$$F(x) = \int_0^x \frac{t}{t^2+1}\,\mathrm{d}t$$

nel punto $x = 2$.

(b) Calcolare il valor medio della funzione

$$f(x) = \frac{x}{x^2+1}$$

nell'intervallo $[0, 2]$.

Soluzione

(a) L'equazione della retta tangente al grafico della funzione $F(x)$ nel punto di ascissa $x = 2$ è

$$y = F(2) + F'(2) \cdot (x-2)$$

Abbiamo:

$$F'(x) = \frac{x}{x^2+1} \Rightarrow F'(2) = \frac{2}{4+1} = \frac{2}{5}$$

$$F(2) = \int_0^2 \frac{x}{x^2+1}\,\mathrm{d}x = \left[\frac{1}{2}\ln(x^2+1)\right]_0^2 = \frac{1}{2}\ln 5$$

Quindi la retta tangente avrà equazione:

$$y = \frac{2}{5}(x-2) + \frac{1}{2}\ln 5$$

(b) Il valor medio della funzione $f(x) = \frac{x}{x^2+1}$ nell'intervallo $[0, 2]$ è

$$VM = \frac{\int_0^2 f(x)\,\mathrm{d}x}{2} = \frac{\frac{1}{2}\ln 5}{2} = \frac{1}{4}\ln 5$$

9 (a) Mostrare che la funzione integrale

$$F(x) = \int_{-1}^{x} \frac{t}{(t+3)^2}\, \mathrm{d}t$$

è continua e crescente, quindi invertibile, sull'intervallo $[5, +\infty)$

(b) Determinare l'equazione della retta tangente al grafico di $F(x)$ nel punto di ascissa $x_0 = 0$.

Soluzione

(a) La funzione integranda è continua e quindi integrabile secondo Riemann nell'intervallo $[5, +\infty)$; per il Teorema Fondamentale del Calcolo Integrale $F(x)$ è continua e derivabile su $[5, +\infty)$ e $F'(x) = f(x)$, $\forall x \in [5, +\infty)$.
Perciò avremo

$$F'(x) = \frac{x}{(x+3)^2}$$

che è una funzione sempre positiva in $[5, +\infty)$, quindi $F(x)$ è continua e monotona crescente su tutto $[5, +\infty)$, pertanto è invertibile.

(b) L'equazione della retta tangente al grafico di $F(x)$ in $x = 0$ è: $y = F(0) + F'(0)(x - 0)$
Avremo quindi:

$$\begin{aligned}
F'(0) &= 0 \\
F(0) &= \int_{-1}^{0} \frac{x}{(x+3)^2}\, \mathrm{d}x \\
&= \int_{-1}^{0} \frac{1}{x+3}\, \mathrm{d}x - 3\int_{-1}^{0} \frac{1}{(x+3)^2}\, \mathrm{d}x \\
&= \left[\ln|x+3| + \frac{3}{x+3}\right]_{-1}^{0} \\
&= \ln\frac{3}{2} - \frac{1}{2}
\end{aligned}$$

L'equazione della retta tangente risulta pertanto:

$$y = \ln\frac{3}{2} - \frac{1}{2}$$

Si consideri la funzione:

$$f(x) = |x|(2x - 1)$$

Calcolare l'integrale:

$$\int_{-1}^{1} f(x)\, \mathrm{d}x$$

Soluzione

Si ha:

$$\int_{-1}^{1} f(x)\,\mathrm{d}x = \int_{-1}^{0} \left(-2x^2 + x\right)\,\mathrm{d}x + \int_{0}^{1} \left(2x^2 - x\right)\,\mathrm{d}x = -1$$

Il valore medio della funzione $f(x) = x\sqrt{1+x^2}$ nell'intervallo $[0, \sqrt{3}]$ è:

(a) $\frac{7}{3}$
(b) $\frac{7}{3\sqrt{3}}$
(c) $\frac{7}{\sqrt{3}}$
(d) 0

Soluzione

$$VM = \frac{\int_0^{\sqrt{3}} x\sqrt{1+x^2}\,\mathrm{d}x}{\sqrt{3}} = \frac{\left[\frac{\sqrt{(1+x^2)^3}}{3}\right]_0^{\sqrt{3}}}{\sqrt{3}} = \frac{7}{3\sqrt{3}}$$

Si calcoli la media integrale di

$$f(x) = \begin{cases} x+1 & 0 \le x \le 2 \\ 2 & 2 < x \le 4 \end{cases}$$

sull'intervallo $[0, 4]$.

Soluzione

La media integrale della funzione f sull'intervallo $[0, 4]$ è data da:

$$\begin{aligned} VM &= \frac{\int_0^4 f(x)\,\mathrm{d}x}{4} \\ &= \frac{\int_0^2 (x+1)\,\mathrm{d}x + \int_2^4 2\,\mathrm{d}x}{4} \\ &= \frac{\left[\frac{x^2}{2} + x\right]_0^2 + [2x]_2^4}{4} \\ &= 2 \end{aligned}$$

(a) Calcolare la media integrale (valor medio) della funzione:

$$f(x) = \begin{cases} \frac{x+2}{x^2-x} & x \geq 2 \\ e^{-x+2} & x < 2 \end{cases}$$

sull'intervallo $[-1, 3]$.

(b) Stabilire se è convergente l'integrale improprio

$$\int_1^{+\infty} \frac{1}{x^2+4}\, dx$$

Soluzione

(a) La media integrale di $f(x)$ sull'intervallo $[-1, 3]$ è:

$$\begin{aligned} VM &= \frac{\int_{-1}^{2} e^{-x+2}\, dx + \int_2^3 \frac{x+2}{x^2-x}\, dx}{4} \\ &= \frac{\left[-e^{-x+2}\right]_{-1}^{2} + \left[\ln \frac{(x-1)^3}{x^2}\right]_2^3}{4} \\ &= \frac{1}{4} \cdot \left[e^3 - 1 - \ln \frac{9}{32}\right] \end{aligned}$$

(b) L'integrale improprio è convergente per il criterio del confronto asintotico in quanto

$$\frac{1}{x^2+4} \sim \frac{1}{x^2} \text{ per } x \to +\infty$$

e $f(x) = \frac{1}{x^2}$ ha integrale improprio convergente in $(1, +\infty)$.

Determinare le primitive di:

$$f(x) = \left(3x - \frac{1}{2\sqrt{x}}\right)^2$$

Soluzione

Si ha:

$$\begin{aligned} \int \left(3x - \frac{1}{2\sqrt{x}}\right)^2 dx &= \int \left(9x^2 + \frac{1}{4x} - 3\sqrt{x}\right) dx \\ &= 3x^3 + \frac{1}{4}\ln x - 2\sqrt{x^3} + c \end{aligned}$$

Quale, delle seguenti funzioni, ha integrale di Riemann improprio convergente, nell'intervallo $(-\infty, 0]$?

(a) e^{x^2+x}
(b) e^{x^3+x}
(c) e^{x^2-x}
(d) e^{x^4-x}

Soluzione

Si tratta di funzioni continue e positive; le funzioni in (a), (c) e (d) sono infinite, per $x \to -\infty$, quindi non possono avere integrale di Riemann improprio convergente; la funzione in (b) è, per $x \to -\infty$, infinitesima di ordine superiore, per esempio, a $\frac{1}{x^2}$, quindi ha integrale di Riemann improprio convergente, la risposta corretta è pertanto la (b).

Sia

$$F(x) = \int_0^x \frac{1}{\sqrt{1+t^2}}\,\mathrm{d}t$$

allora $F'(\sqrt{3})$ vale:

(a) 1
(b) $\frac{1}{2}$
(c) 0
(d) nessuna delle altre

Soluzione

La funzione $\frac{1}{\sqrt{1+t^2}}$ è continua nell'intervallo $[0, x]$, $\forall x \in \mathbb{R}$, quindi, per il Teorema fondamentale del calcolo integrale, si ha:

$$F'(x) = \frac{1}{\sqrt{1+x^2}} \Rightarrow F'(\sqrt{3}) = \frac{1}{2}$$

La risposta corretta è pertanto la (b).

L'integrale definito

$$\int_{-1}^0 (x^2 - x)\,\mathrm{d}x$$

vale:

(a) $-\frac{1}{6}$
(b) $\frac{5}{6}$
(c) $-\frac{5}{6}$
(d) $\frac{1}{6}$

Soluzione

Si ha:

$$\int_{-1}^{0} (x^2 - x)\,\mathrm{d}x = \left[\frac{x^3}{3} - \frac{x^2}{2}\right]_{-1}^{0} = \frac{5}{6}$$

La risposta esatta è pertanto la (b).

L'integrale generalizzato

$$\int_{1}^{+\infty} \mathrm{e}^{-x}\,\mathrm{d}x$$

vale:

(a) $+\infty$
(b) 1
(c) $\frac{1}{\mathrm{e}}$
(d) oscilla

Soluzione

Si ha:

$$\int_{1}^{+\infty} \mathrm{e}^{-x}\,\mathrm{d}x = \lim_{K\to+\infty} \left[-\mathrm{e}^{-x}\right]_{1}^{K} = \frac{1}{\mathrm{e}}$$

La risposta esatta è pertanto la (c).

L'integrale improprio

$$\int_{0}^{+\infty} \frac{\mathrm{d}x}{x^2 + \sqrt{x} + 1}$$

(a) converge
(b) diverge a $+\infty$
(c) diverge a $-\infty$
(d) è oscillante

Soluzione

La funzione integranda è positiva e, per $x \to +\infty$, infinitesima di ordine 2 rispetto a $\frac{1}{x}$; l'integrale improprio è quindi convergente.

La risposta corretta è pertanto la (a).

Si determini il valor medio della funzione $f(x) = x\mathrm{e}^x$ nell'intervallo $[1, 3]$; tale valor medio è assunto dalla funzione? In quanti punti?

Soluzione

Applicando il metodo di integrazione per parti, si ha:

$$\int x\mathrm{e}^x \, \mathrm{d}x = (x-1)\mathrm{e}^x + c$$

Il valor medio richiesto è quindi pari a:

$$VM = \frac{1}{3-1}\int_1^3 x\mathrm{e}^x \, \mathrm{d}x = \mathrm{e}^3$$

Il valor medio è assunto dalla funzione in almeno un punto $\overline{x} \in [1,3]$, perché la funzione è continua; inoltre, poiché la funzione è strettamente monotona (crescente) nell'intervallo in questione, tale punto è unico.

Determinare per quale valore di $k \in \mathbb{R}$ si ha:

$$\int_0^k \frac{1}{(3x-1)^2} \, \mathrm{d}x = \frac{1}{3}$$

(a) $k = \frac{1}{6}$

(b) $k = -\frac{2}{3}$

(c) $k = \frac{1}{3}$

(d) $k = 0$

Soluzione

Si ha:

$$\int_0^k \frac{1}{(3x-1)^2} \, \mathrm{d}x = \left[-\frac{1}{3(3x-1)}\right]_0^k = -\frac{1}{3(3k-1)} - \frac{1}{3}$$

Quindi:

$$-\frac{1}{3(3k-1)} - \frac{1}{3} = \frac{1}{3} \Rightarrow k = \frac{1}{6}$$

Calcolare il seguente integrale definito

$$\int_2^3 \frac{3x+1}{x^2(x-1)} \, \mathrm{d}x$$

Soluzione

Si ha:

$$\int \frac{3x+1}{x^2(x-1)}\,\mathrm{d}x = 4\ln\left|\frac{x-1}{x}\right| + \frac{1}{x} + c$$

Quindi:

$$\int_2^3 \frac{3x+1}{x^2(x-1)}\,\mathrm{d}x = -4\ln 3 + 4\ln 4 - \frac{1}{6}$$

Calcolare la primitiva $G(x)$ della funzione $f(x) = \frac{\mathrm{e}^{\sqrt{x}}}{\sqrt{x}}$ tale che $G(1) = e$.

Soluzione

Si ha:

$$\int \frac{\mathrm{e}^{\sqrt{x}}}{\sqrt{x}}\,\mathrm{d}x = 2\mathrm{e}^{\sqrt{x}} + c$$

Abbiamo pertanto:

$$2e + c = e \Rightarrow c = -e$$

Quindi la primitiva cercata è:

$$f(x) = 2\mathrm{e}^{\sqrt{x}} - e$$

Calcolare il seguente integrale indefinito:

$$\int \ln(1-2x)\,\mathrm{d}x$$

Soluzione

Integrando per parti, si ha:

$$\int \ln(1-2x)\,\mathrm{d}x = x\ln(1-2x) - x - \frac{1}{2}\ln|2x-1| + c$$

o, in alternativa:

$$\int \ln(1-2x)\,\mathrm{d}x = x\ln(1-2x) - x - \frac{1}{2}\ln(1-2x) + c$$

Sia $f : [0,4] \to \mathbb{R}$, come nel grafico. Esiste uno (o più) punto/i x in cui f assume il valor medio?

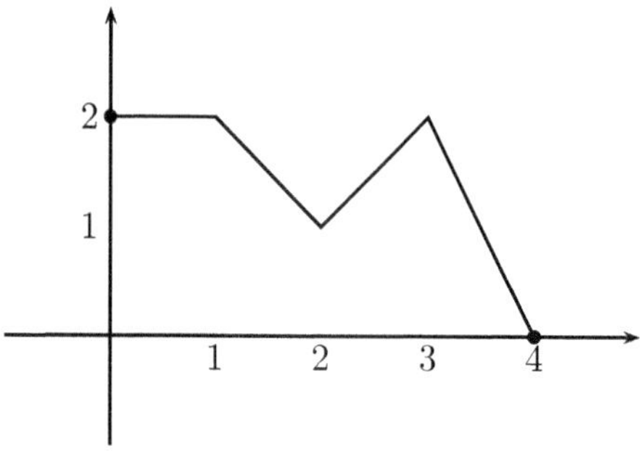

(a) sì, uno ed uno solo;

(b) sì, tre punti;

(c) sì, due punti;

(d) no, nessun punto.

Soluzione

Il valor medio richiesto è dato da:

$$\begin{aligned} VM &= \frac{1}{4}\int_0^4 f(x)\,\mathrm{d}x \\ &= \frac{1}{4}\left(\int_0^1 f(x)\,\mathrm{d}x + \int_1^2 f(x)\,\mathrm{d}x + \int_2^3 f(x)\,\mathrm{d}x + \int_3^4 f(x)\,\mathrm{d}x\right) \\ &= \frac{1}{4}\left(2 + \frac{3}{2} + \frac{3}{2} + 1\right) \\ &= \frac{3}{2} \end{aligned}$$

f assume il valore $\frac{3}{2}$ in tre punti distinti di $[0, 4]$, quindi la risposta giusta è la (b).

Sia $f(x) = x\log(1+\sqrt{x})$; si determini la funzione integrale F, di f, con punto iniziale $x_0 = 1$; si determini l'equazione della retta tangente a $F(x)$ nel suo punto di ascissa 1.

Soluzione

La funzione integrale $F(x)$ è data da:

$$F(x) = \int_1^x t\log(1+\sqrt{t})\,\mathrm{d}t$$

Ricordiamo che l'equazione della retta tangente al grafico di una funzione in un punto di coordinate $(x_0, F(x_0))$ è data da:

$$y = F'(x_0) \cdot (x - x_0) + F(x_0)$$

Poiché in questo caso abbiamo:

$$F(1) = 0;\ F'(1) = \log 2$$

l'equazione della retta tangente sarà:

$$y = \log 2 \cdot (x - 1)$$

Data la funzione:

$$f(x) = \begin{cases} x\mathrm{e}^{2x} & x \leq 0 \\ \frac{1}{2x+1} - 1 & x > 0 \end{cases}$$

(a) stabilire se la funzione è integrabile secondo Riemann nell'intervallo $[-3; 3]$

(b) calcolare:

$$F(x) = \int_0^x f(t)\,\mathrm{d}t$$

(c) stabilire se esiste l'integrale improprio:

$$\int_{-\infty}^{0} f(x)\,\mathrm{d}x$$

e, qualora esista, calcolarne il valore.

Soluzione

(a) Verifichiamo che la funzione è continua nell'intervallo $[-3; 3]$ (condizione questa sufficiente per la integrabilità secondo Riemann in un intervallo chiuso e limitato). Vale infatti:

$$\lim_{x \to 0^-} x\mathrm{e}^{2x} = 0 = f(0)$$

e

$$\lim_{x \to 0^+} \frac{1}{2x+1} - 1 = 0$$

quindi la funzione è continua in $x = 0$. Negli altri punti dell'intervallo la funzione è continua perchè composizione di funzioni continue.

(b) Poichè il punto origine della funzione integrale coincide con il punto di contatto dei due rami della funzione f vale:

$$\int_0^x f(t)\,\mathrm{d}t = \begin{cases} \displaystyle\int_0^x te^{2t}\,\mathrm{d}t & \text{per } x \le 0 \\ \displaystyle\int_0^x \left(\frac{1}{2t+1} - 1\right)\mathrm{d}t & \text{per } x > 0 \end{cases}$$

$$= \begin{cases} \frac{1}{2}xe^{2x} - \frac{1}{4}e^{2x} + \frac{1}{4} & \text{per } x \le 0 \\ \frac{1}{2}\ln|2x+1| - x & \text{per } x > 0 \end{cases}$$

(c) Risulta:

$$\int_{-\infty}^0 f(x)\,\mathrm{d}x = \lim_{K\to-\infty}\left[\frac{1}{2}xe^{2x} - \frac{1}{4}e^{2x} + \frac{1}{4}\right]_K^0 = \frac{1}{4}$$

Si consideri la funzione:

$$f(x) = (4x-3)e^{3x-2x^2+1}$$

e siano a il punto di minimo di $f(x)$ e b il punto di massimo

(a) Determinare a e b

N.B. Non è richiesto lo studio completo della funzione: è sufficiente determinare i 2 punti.

(b) Calcolare

$$\int_a^b f(x)\,\mathrm{d}x$$

Soluzione

(a) Calcoliamo innanzitutto la derivata prima della funzione assegnata:

$$f'(x) = (4x-1)(5-4x)e^{3x-2x^2+1}$$

quindi la funzione è crescente per $\frac{1}{4} < x < \frac{5}{4}$.
$x = \frac{1}{4}$ è il punto di minimo e $x = \frac{5}{4}$ il punto di massimo, quindi $a = \frac{1}{4}$ e $b = \frac{5}{4}$.

(b) Si ha:

$$\int_{1/4}^{5/4} (4x-3)e^{3x-2x^2+1}\,\mathrm{d}x = \left[-e^{3x-2x^2+1}\right]_{1/4}^{5/4} = -e^{13/8} + e^{13/8} = 0$$

.

Si consideri la funzione:

$$F(x) = \int_0^x \left(t^4 - 4t^2\right) \mathrm{e}^{-t^2}\, dt$$

(a) Determinare i punti di minimo e di massimo di $F(x)$.

(b) Verificare che in $x = 0$ c'è un punto di flesso e determinare l'equazione della retta tangente in tale punto.

N.B. Si sconsiglia vivamente di tentare di risolvere l'integrale.

Soluzione

(a) Per il teorema fondamentale del calcolo integrale, si ha:

$$F'(x) = \left(x^4 - 4x^2\right) \mathrm{e}^{-x^2}$$

quindi $F'(x) > 0$ per $x < -2$ e $x > 2$ e $F'(x) = 0$ per $x = \pm 2$ e $x = 0$. Il punto $x = -2$ è di massimo, il punto $x = 2$ è di minimo e il punto $x = 0$ è di flesso (a tangente orizzontale).

(b) Si ha:

$$F''(x) = -2x\left(x^4 - 6x^2 + 4\right) \mathrm{e}^{-x^2}$$

e quindi in $x = 0$ c'è un punto di flesso.
L'equazione della retta tangente in tale punto è $y = 0$.

Data la funzione

$$\frac{2x - 1}{x(x+1)^2}$$

(a) stabilire se la funzione è integrabile secondo Riemann nell'intervallo $[1, 2]$

(b) calcolare la primitiva $G(x)$ di $f(x)$ tale che $G(1) = \ln 2$

(c) calcolare $\displaystyle\int_1^2 f(x)\, \mathrm{d}x$

(d) stabilire se esiste l'integrale improprio $\displaystyle\int_1^{+\infty} f(x)\, \mathrm{d}x$ e, qualora esista, calcolarne il valore.

Soluzione

(a) La funzione risulta somma, prodotto e composizione di funzioni continue nell'intervallo e quindi risulta ivi continua ovvero integrabile secondo Riemann.

(b) Si tratta di una funzione razionale fratta: per calcolarne la primitiva occorre scomporla nella maniera seguente:

$$\frac{2x-1}{x(x+1)^2} = \frac{A}{x} + \frac{B}{x+1} + \frac{C}{(x+1)^2}$$

Le costanti che rendono la precedente uguaglianza un'identità sono $A = -1$, $B = 1$, $C = 3$. Quindi risulta:

$$\begin{aligned} F(x) &= \int f(x)\,\mathrm{d}x \\ &= \int \left(-\frac{1}{x} + \frac{1}{x+1} + \frac{3}{(x+1)^2}\right) \mathrm{d}x \\ &= -\ln x + \ln(x+1) - \frac{3}{x+1} + c \end{aligned}$$

Dunque si dovrà imporre:

$$F(1) = \ln 2 \Rightarrow \ln 2 - \frac{3}{2} + c = \ln 2 \Rightarrow c = \frac{3}{2}$$

La primitiva cercata risulta quindi:

$$F(x) = -\ln x + \ln(x+1) - \frac{3}{x+1} + \frac{3}{2}$$

(c) Grazie alla formula fondamentale del calcolo integrale, risulta:

$$\int_1^2 f(x)\,\mathrm{d}x = \left[-\ln x + \ln(x+1) - \frac{3}{x+1}\right]_1^2 = \ln\left(\frac{3}{4}\right) - \frac{5}{2}$$

(d) Poichè per $x \to +\infty$ $f(x) \sim \frac{2}{x^2}$ e la funzione $g(x) = \frac{2}{x^2}$ è integrabile in $[1; +\infty)$, per il criterio del confronto asintotico anche la funzione f lo è. Per calcolarne l'integrale in senso generalizzato occorre calcolare:

$$\lim_{K \to +\infty} \left[-\ln x + \ln(x+1) - \frac{3}{x+1}\right]_1^K = -\ln 2 + \frac{3}{2}$$

Sia $F(x) = \displaystyle\int_{\sqrt{x}}^0 \log(1+t^2)\,\mathrm{d}t$; allora $F'(4) =$

(a) $-\frac{1}{4}\log 5$

(b) $\log 5$

(c) $-\frac{1}{4}\log 17$

(d) $\frac{1}{4}\log 17$

Soluzione

Possiamo riscrivere l'integrale proposto in questo modo:

$$F(x) = \int_{\sqrt{x}}^{0} \log(1+t^2)\,\mathrm{d}t = -\int_{0}^{\sqrt{x}} \log(1+t^2)\,\mathrm{d}t$$

Quindi, per il Teorema fondamentale del calcolo integrale, otteniamo:

$$F'(x) = -\frac{1}{2\sqrt{x}} \log(1+x)^{(1)} \Rightarrow F'(4) = -\frac{1}{4}\log(1+4) = -\frac{1}{4}\log 5$$

La risposta corretta è pertanto la (a).

10

$$\int_{2}^{4} \frac{x+1}{x-5}\,\mathrm{d}x =$$

(a) $2 - \ln 3$
(b) $2 - 6\ln 3$
(c) non esiste
(d) nessuna delle altre risposte è giusta

Soluzione

Si ha:

$$\begin{aligned}\int_{2}^{4} \frac{x+1}{x-5}\,\mathrm{d}x &= \int_{2}^{4} \frac{x-5+5+1}{x-5}\,\mathrm{d}x \\ &= \int_{2}^{4} \left(1+\frac{6}{x-5}\right)\mathrm{d}x \\ &= [x + 6\ln|x-5|]_2^4 \\ &= 2 - 6\ln 3\end{aligned}$$

Quindi la risposta esatta è la (b).

L'integrale improprio $\displaystyle\int_{+\infty}^{0} \frac{1}{1+\mathrm{e}^x}\,\mathrm{d}x$

(a) diverge a +1;
(b) converge ad un valore negativo;
(c) converge ad un valore positivo;
(d) diverge a -1.

(1) Si ricordi che se g è una funzione definita in un intervallo $J \subseteq \mathbb{R}$, derivabile con continuità in J, a valori in un intervallo I e f è una funzione continua in I, allora è possibile considerare la funzione integrale $F(x) = \int_a^{g(x)} f(t)\,\mathrm{d}t$. In tali ipotesi, F è derivabile e si ha: $F'(x) = g'(x) \cdot f(g(x))$.

Soluzione

La funzione integranda è positiva e, per $x \to +\infty$, è infinitesima di ordine superiore, per esempio, a $\frac{1}{x^2}$, quindi l'integrale converge.

Dato che:

$$\int_{+\infty}^{0} \frac{1}{1+e^x}\, dx = -\int_{0}^{+\infty} \frac{1}{1+e^x}\, dx$$

l'integrale proposto converge sicuramente ad un valore negativo(2).

La risposta corretta è pertanto la (b).

Il valor medio della funzione xe^{-x^2} sull'intervallo $[-2, 0]$ è:

(a) $\frac{1-e^4}{4e^4}$

(b) $\frac{e^4-1}{e^4}$

(c) $\frac{e^4-1}{4e^4}$

(d) $\frac{1-e^4}{e^4}$

Soluzione

La media integrale della funzione f sull'intervallo $[-2, 0]$ è data da:

$$VM = \frac{\int_{-2}^{0} xe^{-x^2}\, dx}{2} = \frac{\left[-\frac{1}{2}e^{-x^2}\right]_{-2}^{0}}{2} = \frac{1-e^4}{4e^4}$$

La risposta esatta è pertanto la (a).

Sia

$$f(x) = \int_1^x t \ln t\, dt$$

Allora, per $x > 0$, $f'(x) =$

(a) $x \ln x + 1$

(b) $\ln x + 1$

(c) $x \ln x$

(d) $\ln x + x$

(2) Si osservi che $\displaystyle\int_0^{+\infty} \frac{1}{1+e^x}\, dx$ converge sicuramente ad un valore positivo.

Soluzione

Per il teorema di Torricelli-Barrow

$$f'(x) = x \ln x$$

La risposta esatta è pertanto la (c).

Si consideri la funzione definita da

$$f(x) = \frac{2x+1}{x^2-4x+3}$$

(a) si determinino tutte le primitive della funzione data su uno degli intervalli in cui è definita;

(b) Si determini la primitiva F tale che $F(-1) = 2$.

Soluzione

(a) Le primitive della funzione assegnata sono le funzioni:

$$F(x) = \int \frac{2x+1}{x^2-4x+3}\,\mathrm{d}x$$

Usiamo il metodo di scomposizione delle funzioni razionali fratte:

$$\frac{2x+1}{x^2-4x+3} = \frac{A}{x-3} + \frac{B}{x-1}$$

Applicando il principio di identità dei polinomi, otteniamo:

$$A = \frac{7}{2};\ B = -\frac{3}{2}$$

Quindi l'integrale assegnato può essere calcolato come:

$$\begin{aligned}\int \frac{2x+1}{x^2-4x+3}\,\mathrm{d}x &= \frac{7}{2}\int \frac{1}{x-3}\,\mathrm{d}x - \frac{3}{2}\int \frac{1}{x-1}\,\mathrm{d}x \\ &= \frac{7}{2}\ln|x-3| - \frac{3}{2}\ln|x-1| + c\end{aligned}$$

(b) Si ha:

$$F(-1) = 2 \Rightarrow \frac{7}{2}\ln 4 - \frac{3}{2}\ln 2 + c = 2 \Rightarrow c = 2 - \frac{11}{2}\ln 2$$

Data la funzione:

$$f(x) = \begin{cases} \frac{x}{x^2+1} & x < 0 \\ x\mathrm{e}^{-3x} & x \geq 0 \end{cases}$$

(a) Calcolare il valor medio di $f(x)$ nell'intervallo $[-1, 1]$

(b) Stabilire se esiste l'integrale improprio $\int_{-1}^{+\infty} f(x)\,\mathrm{d}x$ e in caso affermativo calcolarlo.

Soluzione

(a) Si ha:

$$G_1(x) = \int \frac{x}{x^2+1}\,\mathrm{d}x = \frac{1}{2}\ln(x^2+1) + c$$
$$G_2(x) = \int x\mathrm{e}^{-3x}\,\mathrm{d}x = -\frac{\mathrm{e}^{-3x}\cdot(3x+1)}{9} + c$$

quindi:

$$\int_0^1 x\mathrm{e}^{-3x}\,\mathrm{d}x + \int_{-1}^0 \frac{x}{x^2+1}\,\mathrm{d}x = -\frac{1}{2}\ln 2 - \frac{4\mathrm{e}^{-3}}{9} + \frac{1}{9}$$

Il valor medio vale quindi:

$$VM = -\frac{1}{4}\ln 2 + \frac{1}{18} - \frac{2\mathrm{e}^{-3}}{9}$$

(b) Si ha:

$$\lim_{x\to+\infty} x\mathrm{e}^{-3x} = 0$$

L'integrale generalizzato risulta convergente, essendo convergente l'integrale improprio di $y = \mathrm{e}^{-3x}$. Risulta quindi:

$$\int_0^{+\infty} x\mathrm{e}^{-3x}\,\mathrm{d}x + \int_{-1}^0 \frac{x}{x^2+1}\,\mathrm{d}x = \frac{1}{9} - \frac{1}{2}\ln 2$$

Sia $f : [-2, 2] \to \mathbb{R}$ la funzione

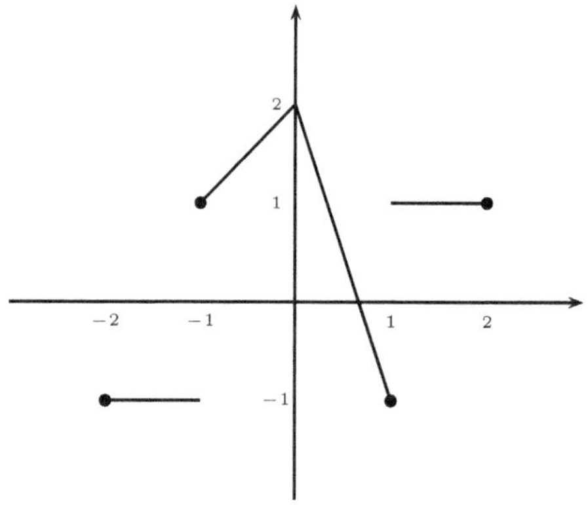

allora $\int_{-2}^{2} f(x)\,\mathrm{d}x =$

(a) 0
(b) 2
(c) $\frac{13}{3}$
(d) nessuna delle altre

Soluzione

La funzione assegnata è integrabile in ciascuno degli intervalli $[-2,-1)$, $[-1,1]$, $(1,2]$.

Utilizzando la proprietà di additività rispetto all'intervallo di integrazione, si ha:

$$\begin{aligned}\int_{-2}^{2} f(x)\,\mathrm{d}x &= \int_{-2}^{-1} f(x)\,\mathrm{d}x + \int_{-1}^{0} f(x)\,\mathrm{d}x + \int_{0}^{\frac{2}{3}} f(x)\,\mathrm{d}x + \int_{\frac{2}{3}}^{1} f(x)\,\mathrm{d}x + \\ &\quad + \int_{1}^{2} f(x)\,\mathrm{d}x \\ &= -1 + \frac{3}{2} + \left(\frac{2}{3}\cdot 2 \cdot \frac{1}{2}\right) - \left(\frac{1}{3}\cdot\frac{1}{2}\right) + 1 \\ &= 2\end{aligned}$$

La risposta esatta è quindi la (b).

L'integrale improprio o generalizzato

$$\int_{-\infty}^{+\infty} \frac{\mathrm{d}x}{x^2+x+1}$$

(a) diverge a +1;

(b) diverge a -1;

(c) è oscillante;

(d) converge ad un valore positivo.

Soluzione

La funzione integranda è positiva $\forall x \in \mathbb{R}$, e, per $x \to +\infty$, infinitesima di ordine 2 rispetto a $\frac{1}{x}$; l'integrale improprio è quindi convergente ad un valore positivo. La risposta corretta è pertanto la (d).

Quale delle seguenti funzioni ha integrale improprio convergente in $(1,+\infty)$?

(a) $\frac{1}{\sqrt[3]{x}}$

(b) $\frac{x^2}{x^3+\ln x}$

(c) $\frac{\sqrt{x}}{x^2+1}$

(d) $1+\mathrm{e}^{-x}$

Soluzione

Per stabilire quale delle funzioni assegnate ha integrale improprio convergente nell'intervallo indicato possiamo ragionare in questo modo:

(a) la funzione $f(x) = \frac{1}{\sqrt[3]{x}}$ ha integrale improprio divergente, poiché per $x \to +\infty$ è un infinitesimo di ordine minore di 1;

(b) per $x \to +\infty$, $f(x) = \frac{x^2}{x^3+\ln x} \sim \frac{1}{x}$ e dato che quest'ultima funzione ha integrale improprio divergente nell'intervallo assegnato, anche $f(x)$ avrà integrale improprio divergente per il teorema del confronto;

(c) per $x \to +\infty$, $f(x) = \frac{\sqrt{x}}{x^2+1} \sim \frac{1}{\sqrt{x^3}}$ e dato che quest'ultima funzione ha integrale improprio convergente nell'intervallo assegnato, anche $f(x)$ avrà integrale improprio convergente per il teorema del confronto;

(d) infine, $f(x) = 1 + \mathrm{e}^{-x}$ ha integrale improprio divergente nell'intervallo assegnato.

La risposta esatta è quindi la (c).

(a) Si calcoli la media integrale della funzione

$$f(x) = \begin{cases} \frac{x}{x^2+1} & x < 1 \\ x\mathrm{e}^x & x \geq 1 \end{cases}$$

sull'intervallo $[-2, 4]$

(b) Si applichi il teorema della media integrale alla funzione continua

$$f(x) = \sqrt{x} - 2$$

sull'intervallo $[1, 4]$, determinando un punto $c \in (1, 4)$ di cui il teorema garantisce l'esistenza.

Soluzione

(a) Si ha:

$$\begin{aligned} VM &= \frac{\displaystyle\int_{-2}^{1} \frac{x}{x^2+1}\,\mathrm{d}x + \int_{1}^{4} x\mathrm{e}^x\,\mathrm{d}x}{6} \\ &= \frac{\left[\frac{1}{2}\ln(x^2+1)\right]_{-2}^{1} + \left[(x-1)\mathrm{e}^x\right]_1^4}{6} \\ &= \frac{1}{6}\left[-\frac{1}{2}\ln\left(\frac{5}{2}\right) + 3\mathrm{e}^4\right] \\ &= \frac{1}{2}\mathrm{e}^4 - \frac{1}{12}\ln\left(\frac{5}{2}\right) \end{aligned}$$

(b) In base al teorema della media integrale, occorre determinare un punto $c \in (1,4)$ tale che:

$$\int_1^4 f(x)\,\mathrm{d}x = (4-1) \cdot f(c)$$

Quindi avremo:

$$\int_1^4 (\sqrt{x}-2)\,\mathrm{d}x = 3(\sqrt{c}-2) \Rightarrow -\frac{4}{3} = 3(\sqrt{c}-2) \Rightarrow c = \frac{196}{81}$$

Calcolare l'integrale:

$$\int_0^1 \frac{1}{\mathrm{e}^{2x}\left(1+\mathrm{e}^{-2x}\right)}\,\mathrm{d}x$$

Soluzione

Si ha:

$$\begin{aligned}\int_0^1 \frac{1}{\mathrm{e}^{2x}\left(1+\mathrm{e}^{-2x}\right)}\,\mathrm{d}x &= \int_0^1 \frac{\mathrm{e}^{-2x}}{\left(1+\mathrm{e}^{-2x}\right)}\,\mathrm{d}x \\ &= \left[-\frac{1}{2}\ln\left(1+\mathrm{e}^{-2x}\right)\right]_0^1 \\ &= \frac{1}{2}\left[\ln 2 - \ln\left(1+\mathrm{e}^{-2}\right)\right]\end{aligned}$$

$$\int_2^3 \frac{x}{x-1}\,\mathrm{d}x =$$

(a) $\ln 2$
(b) $\ln 3$
(c) 1
(d) nessuna delle altre

Soluzione

Si ha:

$$\int_2^3 \frac{x}{x-1}\,\mathrm{d}x = \int_2^3 \frac{x-1+1}{x-1}\,\mathrm{d}x = [x + \ln|x-1|]_2^3 = 1 + \ln 2$$

La risposta esatta è pertanto la (d).

Si determini il valor medio della funzione $f(x) = x\ln x$ nell'intervallo $[1,3]$; tale valor medio è assunto dalla funzione? In quanti punti?

Soluzione

Applicando il metodo di integrazione per parti, si ha:

$$\int x \ln x \, \mathrm{d}x = \frac{1}{2}x^2 \ln x - \frac{1}{4}x^2 + c$$

Quindi, il valor medio nell'intervallo indicato è pari a:

$$VM = \frac{1}{3-1}\left[\frac{1}{2}x^2 \ln x - \frac{1}{4}x^2\right]_1^3 = \frac{9}{4}\ln 3 - 1$$

Il valor medio è assunto dalla funzione in almeno un punto $\overline{x} \in [1,3]$, perché la funzione è continua; inoltre, poiché la funzione è strettamente monotona (crescente) nell'intervallo in questione, in quanto $f'(x) = 1 + \ln x > 0$, tale punto è unico.

Calcolare (per parti) il seguente integrale:

$$\int x^2 \cos x \ \mathrm{d}x$$

Soluzione

$$\begin{aligned}\int x^2 \cos x \, \mathrm{d}x &= x^2 \operatorname{sen} x - \int 2x \operatorname{sen} x \, \mathrm{d}x \\ &= x^2 \operatorname{sen} x - 2\left[-x\cos x + \int \cos x \, \mathrm{d}x\right] \\ &= x^2 \operatorname{sen} x + 2x\cos x - 2\operatorname{sen} x + c\end{aligned}$$

11 L'integrale definito

$$\int_{-1}^{1} (x^2 + 2x) \, \mathrm{d}x$$

vale:

(a) $-\frac{2}{3}$

(b) -2

(c) 2

(d) $\frac{2}{3}$

Soluzione

Si ha:

$$\int_{-1}^{1} (x^2 + 2x)\,\mathrm{d}x = \left[\frac{1}{3}x^3 + x^2\right]_{-1}^{1} = \frac{2}{3}$$

La risposta corretta è pertanto la (d).

L'integrale generalizzato

$$\int_{1}^{+\infty} x\mathrm{e}^{-x^2}\,\mathrm{d}x$$

vale:

(a) $+\infty$

(b) $\frac{1}{2\mathrm{e}}$

(c) $\frac{1}{\mathrm{e}}$

(d) $-\frac{1}{2\mathrm{e}}$

Soluzione

Si ha:

$$\int_{1}^{+\infty} x\mathrm{e}^{-x^2}\,\mathrm{d}x = \lim_{K\to+\infty}\left[-\frac{1}{2}\mathrm{e}^{-x^2}\right]_{1}^{K} = \frac{1}{2\mathrm{e}}$$

La risposta corretta è pertanto la (b).

APPENDICE A

Tabella delle primitive immediate

funzione	primitiva
c (costante)	cx
x^n	$\frac{x^{n+1}}{n+1} \quad (n \neq -1)$
$\frac{1}{x}$	$\ln \lvert x \rvert$
e^x	e^x
a^x	$\frac{a^x}{\ln a}$
$\operatorname{sen} x$	$-\cos x$
$\cos x$	$\operatorname{sen} x$
$\frac{1}{\cos^2 x}$	$\operatorname{tg} x$
$\frac{1}{\operatorname{sen}^2 x}$	$-\operatorname{cotg} x$
$\frac{1}{1+x^2}$	$\operatorname{arctg} x$

Tabella 1 Primitive di alcune funzioni elementari.

funzione	primitiva
$f'(x) \cdot f^n(x)$	$\dfrac{f^{n+1}(x)}{n+1} \quad (n \neq -1)$
$\dfrac{f'(x)}{f(x)}$	$\ln \lvert f(x) \rvert$
$f'(x) \mathrm{e}^{f(x)}$	$\mathrm{e}^{f(x)}$
$f'(x) \operatorname{sen} f(x)$	$-\cos f(x)$
$f'(x) \cos f(x)$	$\operatorname{sen} f(x)$
$\dfrac{f'(x)}{1+f^2(x)}$	$\operatorname{arctg} f(x)$

Tabella 2 Sostituzioni immediate per alcune funzioni.

Ristampa effettuata nel mese di giugno 2021
nella LegoDigit S.r.l. – Via Galileo Galilei, 15/1
38015 Lavis (TN)

la mia Libreria

la mia Libreria è un'area *in the cloud* totalmente gratuita che offre contenuti e servizi aggiuntivi legati alle opere Giappichelli. Diventerà un archivio virtuale al cui interno muoversi per effettuare ricerche (per data, autore, titolo, ecc.).

Come accedere

Nel sito *www.giappichelli.it* cliccare su "*Accedi/Registrati*" posto nella barra in alto a destra.
Per accedere al servizio la prima volta è necessario registrarsi e impostare la propria *username* e *password.*

Come sbloccare i contenuti

All'interno de "*Il mio account*" cliccare su "*La mia libreria*" e nella casella "*applica un codice*" digitare il numero di serie presente sul bollino SIAE che si trova nella prima pagina del volume.

Cosa contiene

- Esercizi online

www.giappichelli.it